U0179122

# 青山筑境

## 乡村文旅建筑设计

何崴  孟娇  编著

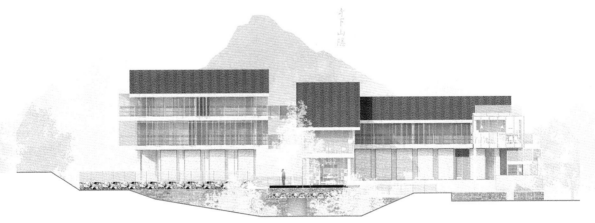

机械工业出版社

CHINA MACHINE PRESS

乡村文旅建筑包括民宿、精品酒店、书吧、餐厅、咖啡厅等多个概念，是乡愁之思，是设计艺术，更是人文关怀。本书汇集多家设计院所、著名设计师与设计团队的 20 余个具有代表性的案例，分为民宿酒店及餐饮空间以及文化及服务空间两大类型。以设计一手资料作为出发点，而非停留在调研采风体验的表面阶段，深入解构这些"结庐在人境，而无车马喧"的山间庭院与居所隐庐，为设计从业人员、建筑相关专业师生、文旅爱好者们，呈现这些诗意栖居地的选址、改造、设计、建造以及经营利用等设计思路、建造资料、分析图与破解图。以文字结合具体案例的方式，最终向读者们展示了文旅建筑在乡村振兴中的重要作用，"绿水青山就是金山银山"。

## 图书在版编目（CIP）数据

青山筑境：乡村文旅建筑设计 / 何崴，孟娇编著.
-- 北京：机械工业出版社，2020.9（2023.11 重印）
ISBN 978-7-111-66452-9

Ⅰ．①青… Ⅱ．①何… ②孟… Ⅲ．①文化－乡村旅游－建筑设计－研究 Ⅳ．① TU-856

中国版本图书馆 CIP 数据核字（2020）第 165820 号

机械工业出版社（北京市百万庄大街 22 号　邮政编码 100037）
策划编辑：张维欣　责任编辑：张维欣　赵　荣
责任校对：王慧慧　封面设计：鞠　杨
责任印制：孙　炜
北京联兴盛业印刷股份有限公司印刷
2023 年 11 月第 1 版第 5 次印刷
184mm×260mm・14.5 印张・1 插页・359 千字
标准书号：ISBN 978-7-111-66452-9
定价：99.00 元

电话服务　　　　　　　　　网络服务
客服电话：010-88361066　　机 工 官 网：www.cmpbook.com
　　　　　010-88379833　　机 工 官 博：weibo.com/cmp1952
　　　　　010-68326294　　金 书 网：www.golden-book.com
封底无防伪标均为盗版　　　机工教育服务网：www.cmpedu.com

# Foreword
## 前言

不同于西方现代文明，乡村对于东方世界特别是中国来讲具有特殊的意味。"乡"既是一个与城市对应的地理学概念，又具有故乡的含义，是中国人自我认同的重要组成部分。正如费孝通先生所述"中国社会是乡土性的"，外面的人要真正了解中国，必须要认识乡村；中国人要真正了解自己，也必须要认识乡村。

本书是一本讲述乡村文旅建筑的书。在人们的认知中，文旅建筑和乡村的关系本是若即若离的，起码在十年前，乡村文旅建筑可能只限于零星的民宿和相对原始的农家乐。文旅建筑更多的是和景区联系在一起，和村庄的关系并不密切。随着中国城市化进程的推进，人们生活水平的提升，周末短期旅行、城郊旅行、自驾旅行逐渐成为常事；80 后、90 后甚至是 00 后也已成为旅游的主体；亲子、体验、主题旅游更逐渐取代了传统观光旅游模式；传统景区日渐式微，门票也不再是旅游业收入的唯一途径。在 21 世纪的第二个十年，旅游的格局已经发生了巨大的变化。宏大叙事让位于个人感受，大景区固然仍是普罗大众的光顾地点，但越来越多的年轻人、城市小资群体、文化白领等消费主力人群选择远离大景点，

**何崴**
博士
中央美术学院建筑学院教授
二十工作室责任导师
三文建筑创始人
著名建筑师

长期从事建筑、城乡规划、灯光、艺术等方面的跨界教学、研究和创作，出版编、著书籍 9 部，在国内外发表论文数十篇，作为副主编参与编著全国高中教材《美术-设计》部分，个人和作品曾获中国建筑学会青年建筑师奖、中国田园建筑优秀作品一等奖、建筑创作奖银奖、2016 中国乡村旅游年度人物、WAACA 中国建筑奖社会公平奖、英国 Blueprint 奖佳作奖等国内外奖项 40 余项。

远离门票，远离大巴车和人群，到乡间去享受小而宁静的"下午茶"。

驱动乡村文旅建筑发展的另一个原因是十八大以来，国家一系列乡村振兴政策的提出与实施。无论是"美丽乡村""传统村落保护与利用"，还是"特色小镇""田园综合体"等政策，乡村都已经再次成为国家关注的焦点。伴随着国家一系列政策，民间资本也开始"下乡"，乡村逐渐成为平行于城市的（小）资本投资的新舞台。乡村文旅建筑的涌现正是顺应了这种趋势，在国家和民间资本的双重推动下逐渐发展起来。

不同于普通的文旅建筑，也不同于乡村普通民宅，乡村文旅建筑是身处乡村环境的文化旅游建筑或构筑物，它自身具有一定复杂性和矛盾性。从功能和属性上，乡村文旅建筑要服务于旅游业态，这就意味着在设计上，它必然会以"外来者"的需求为思考前提，这会让乡村文旅建筑脱离乡村生活的语境，形成一种功能上的"脱域"。如果处理不好，很容易出现乡村原住民与外来人群之间的矛盾，抑或"士绅化"的情况。此外，在建筑领域讨论最多的是乡村文旅建筑的风格与设计手法问题。是依序地域传统风格，简单的"修旧如旧"，还是体现设计的当代性、建筑师的个人风格，形成视觉张力，新旧共生……每个建筑师都有自己的判断。

"八仙过海，各显其能"，这正是当前中国乡村文旅建筑呈现的状态，而这种"野蛮生长"也从侧面见证了中国乡村旅游业的快速发展。本书结构分为两个主要部分：第一部分是乡村文旅建筑的相关设计原则，第二部分则收集整理了近年来国内乡村文旅建筑的一些典型案例，两个部分互为印证。

　　必须说明的是，乡村文旅建筑并不能涵盖当下中国乡村发生的全部建筑实践，本书也不可能将近年来中国大地上的所有相关优秀案例全部纳入。本书只是中国当下乡村文旅建筑实践的一次管窥，在行文和编辑方面更是难免会由于作者的局限性出现偏颇。但我们希望通过此书，读者们能对中国乡村及文旅领域的建筑实践有所了解，如果能对年轻的建筑师的学习和工作有所帮助则更佳。最后，感谢为本书提供案例的众多优秀的建筑师和团队，也感谢孟娇老师及参与图书制作的各位编辑。谢谢大家！

# Contents
# 目录

前言    003

设计原理    008
1. 中国乡村旅游行业的主要发展历程    008

2. 乡村文旅建筑的主要类型划分    009
2.1 以民宿及精品酒店为主体的居住空间    010
2.2 反映当地特色的博物馆、文化中心、服务中心等公共空间    012
2.3 以餐厅、咖啡厅、茶室为代表的餐饮空间    013

3. 乡村文旅建筑的建造及改造原则    014
3.1 文旅建筑从选址到建造时应考虑的因素    014
3.2 让乡村文旅形成品牌合力，避免单打独斗    014
3.3 尊重当地自然环境及建筑的历史风貌    015
3.4 建筑材料的选取要符合当地环境及气候特征，就地取材    016
3.5 保障建筑建造过程中的标准化和使用的安全性    017
3.6 提升建筑的使用效率    017

4. 以文旅振兴乡村的规划重点    018
4.1 打造乡村 IP    018
4.2 提升乡村基础设施建设    018
4.3 加强乡村精神文化建设    019
4.4 让更多当地居民参与到乡村文旅行业之中，提升劳动力使用价值    019
4.5 通过旅游业振兴乡村经济，完成产业化升级    020
4.6 特色小镇中的乡村与文旅建筑    021

5. 文旅建筑对于促进乡村发展的意义    021

民宿酒店及餐饮空间

概论 024

案例赏析 026

**婺源虹关村留耕堂修复与改造** 百年徽州老宅的新生 028

**王家疃村之柿园民宿** 北方乡野与人文气息的结合典范 040

**清啸山居民宿** 用民宿传承山村记忆 048

**虎峰山·寺下山隐民宿** 隐于林海之中的多功能民宿空间 062

**窗之家民宿** 透过窗户了解莫干山 072

**黄山山语民宿** 建筑与空间边界的二次塑造 082

**乡根·东林渡民宿** 打造原生态渔民村里的民宿新品牌 092

**驻·85民宿** 古堰画乡里的诗意栖居之所 100

**来野莫干山民宿** 隐匿在莫干山一隅的慢生活度假圣地 110

**GEEMU积木酒店** 由毛坯民居改造而成的乡村亲子酒店 120

**木屋酒店** 以旅游项目振兴贫困山村的案例典范 128

**山间餐厅与酒吧** 由当地村民参与建造和运营的乡村餐饮空间 134


文化及服务空间

概论 140

案例赏析 142

**西河粮油博物馆及村民活动中心改造与升级** 144
通过改造废旧粮库来激活贫困乡村的产业升级

**王家疃村之拾贰间美学堂** 体验传统国学文化的亲子旅游佳地 156

**神山岭综合服务中心** 折叠的水平线 164

**上坪古村复兴计划之杨家学堂** 用书吧传递古村历史文化 172

**拾云山房** 在大山深处创造安静的阅读空间 180

**青龙坞言几又乡村胶囊旅社书店** 由乡村老宅改造而成的理想居住及阅读空间 192

**蕉岭棚屋** 村民与游客共享的乡村展廊与乡村茶话客厅 202

**庭瑞小镇斗山驿文化会客厅** 小镇里的多元文化空间 214

**大发天渠游客中心** 乡村活化与复兴的起点 224


索引 232

# Design principle
# 设计原理

## 1. 中国乡村旅游行业的主要发展历程

　　如今日益发展的乡村旅游行业并不是中国独有的，在很多发达国家还有发展中国家都广泛存在。在我国乡村旅游大致分为两种，一种是传统的乡村旅游，主要在春节等大型假日进行，长期生活在城市的人们会集中回到乡村去，也就是我们传统的探亲活动，这种活动并没有提高当地的经济发展，也没有改善当地的环境。另一种是现代乡村旅游，这是在 20 世纪 80 年代出现在乡村的一种新型的旅游模式，尤其在 20 世纪 90 年代以后发展迅速，旅游者的旅游动机倾向于放松身心，体验乡村生活，欣赏周边自然景观等。同时，新型的乡村旅游依托乡村优美的自然景观、建筑和当地文化等资源，来吸引更多的游客体验乡村生活，从而发展周边相关产业。

　　虽然如今乡村旅游被我们所熟知，但是对于乡村旅游的定义，各个国家都有自己的解读。世界经济合作与发展委员会将乡村旅游定义为：在乡村开展的旅游，田园风味（rurality）是乡村旅游的中心和独特的卖点。英国学者认为：乡村旅游不仅是基于农业的旅游活动，而是一个多层面的旅游活动，它除了包括基于农业的假日旅游外，还包括特殊兴趣的自然旅游，生态旅游，在假日步行、登山和骑马等活动，探险、运动和健康旅游，打猎和钓鱼，教育性的旅游，文化与传统旅游，以及一些区域的民俗旅游活动。

　　国内学者认为狭义的乡村旅游是指在乡村地区，以具有乡村性的自然和人文客体为旅游吸引物的旅游活动。乡村旅游的概念包含两个方面：一是发生在乡村地区，二是以乡村性作为旅游吸引物，二者缺一不可。

　　乡村旅游作为连接城市和乡村的纽带，促进了社会资源和文明成果在城乡之间的共享以及财富重新分配的实现，并为地区间经济发展差异和城乡差别的逐步缩小、产业结构优化等

© 清啸山居民宿 / 尌林建筑设计事务所 / 赵奕龙
优美的田园风光吸引着城市游客来到乡村

© 庭瑞小镇斗山驿文化会客厅 /UAO 瑞拓设计 / 赵奕龙

做出很大贡献，推动欠发达、开发不足的乡村地区经济、社会、环境和文化的可持续发展，可以说乡村旅游对于加快实现社会主义新农村建设及城乡统筹发展具有重要意义。

2015年2月3日，国务院新闻办公室举行发布会，解读《关于加大改革创新力度加快农业现代化建设的若干意见》（以下称"一号文件"）时说，近些年，乡村旅游业的发展速度非常快。2014年，乡村旅游的游客数量达12亿人次，占到全部游客数量的30%。2014年乡村旅游收入3200亿元，带动了3300万农民致富。目前，全国有200万家农家乐，10万个以上特色村镇。

2018年12月，国家发展改革委等13个部门联合印发《促进乡村旅游发展提质升级行动方案（2018年—2020年）》，提出"鼓励引导社会资本参与乡村旅游发展建设"，加大对乡村旅游发展的配套政策支持。此前，2018年中央一号文件明确提出关于"实施休闲农业和乡村旅游精品工程"的要求。2018年《中共中央国务院关于实施乡村振兴战略的意见》日前正式发布，乡村旅游作为实现乡村振兴战略的重要领域写入中央一号文件。

## 2. 乡村文旅建筑的主要类型划分

乡村旅游已经成为中国旅游业发展的重要组成部分，但是千篇一律的发展模式势必不会长久，发掘乡村文旅的独特性才能使得乡村旅游更具有长久性和吸引力。因为独特的自然环境和人文环境的不同，每一个乡村都有自己的个性，在此基础上形成的独特建筑风格和人文特征会给游客留下深刻的印象。当然，这其中也不乏新型的建筑风格，使得当地的建筑类型更加丰富，更加适合当代人的居住和使用。

很多著名的建筑师和设计师应邀来到乡村，积极参与当地的乡村振兴，吸引了一批又一批的游客到此。提升发展乡村休闲旅游业的服务，开发乡村自然资源和田园景观，给游客提供当地特色的地域文化和人文传统。最终实现乡村统一规划，发挥重点景区的带头作用，以乡村休闲旅游业为基础，带动整个乡村的发展。

当然仅有好的自然资源还不够，周边有公共设施和便利的居住空间，才能持续地吸引游客。因此，很多乡村建筑被改造或者是重建，提供了便利的生活环境设施，这才能从根本上带动周边的旅游资源，发挥乡村的优势。

乡村文旅建筑大致可以分为三类，一类是为游客提供居住空间的民宿或者是酒店等商业空间；另一类是能提升生活品质的公共空间或者是能体现当地特色的博物馆、书屋等文化空间；最后一类是以餐厅、咖啡厅、茶室为代表的餐饮空间。很多时候，第三类餐饮空间可以被并入到第一类商业空间之中。

### 2.1 以民宿及精品酒店为主体的居住空间

大量的游客从城市来到乡村，首先接触的就是居住空间建筑，有了舒适的居住环境，才能有更多的时间去欣赏周边的自然景观，去体验独特的人文。

很多乡村老建筑周边有诸多自然景观，但是当时建造居住空间时并未考虑这些因素，只是单纯地建造民居供自己使用，原有的建筑用途比较单一，已经不符合现在的生活发展需要。等到乡村旅游业发展迅速的现在，不得不对老建筑进行改造或者是重建，那么居住空间的选址就变得越来越重要。

例如，GEEMU 积木酒店项目中，原建筑是一座普通的毛坯民居，但是因为隶属于广西桂林市阳朔兴坪镇，这里是华南短途旅行独家的热门地，所以会有很多游客到此。但是设计师并没有将这个项目做成和其他酒店一样的风格，而是倡导亲子互动，增加了当地文化的体验，在设计中赋予了建筑新的功能，这样就能在众多酒店中脱颖而出。

© GEEMU 积木酒店 / 梓集 / 张超
**酒店成为了舒适的亲子互动空间**

乡村中自然景观等周边环境对游客也有很大的吸引力，当地特有的田园景观能让人们更加放松，提高出游质量。这对于民宿和酒店的建设同样重要，设计师会提前考察周边的环境，以便民宿更好地和边边环境融为一体。不同于其他建筑，乡村民宿建筑的设计既要能展现自然环境的优势，又要和自然环境融合。很多乡村建筑设计师还使用当地特色的建筑材料和建筑风格，力图打造独一无二的建筑群，给游客带来不一样的视觉感受。民宿和精品酒店是用于商业用途的，所以设计师需要考虑建筑的经济价值。这要求设计师更加深入地考察乡村是否有自身特殊的建筑材料，原建筑是否有独特的建筑手法，这样才能更加合理地提出建筑设计和改造方案。

例如，清啸山居民宿中，原有房屋建筑多是夯土房，建筑也是在石砌台地上面，设计师并没有完全抛弃原有建筑材料，而是回收了很多青瓦、老木板和当地的毛石砌块，回收利用了当地的建筑材料，一方面降低了材料成本和运输成本，另一方面也保留了建筑的特色和历史。

© 清啸山居民宿 / 尌林建筑设计事务所 / 陈林 / 赵奕龙
**当地特有的建筑材料被保留并使用**

除了对乡村建筑自然环境和选址的考量，很多乡村的风土人情和特定的文化背景也是建筑设计师需要考虑的。虽然，优美的自然风光可以吸引很多游客消费，从而提高经济效益，但是如果设计师没有考虑文化背景而将民宿改造或者是设计成纯商业性质的建筑，那么无论用于何种用途，它都是一个没有灵魂的建筑。因此，乡村建筑的设计和改造除了考验设计师的设计功底，还考验设计师是否愿意提前去了解建筑的历史，甚至是建筑所在地的历史文化。

例如，以徽墨文化为主题的留耕堂民宿，原有建筑是清末制墨大师詹成圭的第三个孙子詹国涵的宅第，是当地少有的带院落的宅子。如何将这座古民居修复和改造成为给现代人使用的民宿成为设计师面临的难题。不同于其他可以快速完成的建筑项目，这个项目经历了三年的时间才最终呈现在游客面前。整个建筑以书、画、琴、茶为主题，展示徽州古宅的同时，也增加了居住的舒适性。

© 婺源虹关村留耕堂修复与改造 / 三文建筑 / 何崴工作室 / 方立明
**徽州古宅及其内部文化空间**

## 2.2 反映当地特色的博物馆、文化中心、服务中心等公共空间

　　乡村建筑的设计中，除了大部分用于商业用途的民宿和精品酒店之外，也有很多用于公益性质或者是反映当地特色的非商业用途建筑，例如，将乡村建筑改造成用于政府办公场所的；用于当地人使用的公共设施的；用于展示当地文化特色的博物馆等。这类建筑的建成，不仅仅是来满足游客的需求，更多的是为了提升当地的精神文化建设。使用者不仅仅局限于外地游客，当地人也大频率地使用这些建筑，从而提高人们的生活水平和生活质量。

　　这类建筑注重的是实用性和便利性，因此在选址方面也有自己的规律，经常是在乡村的交通要道附近，或者是原来就聚集了很多人气的场所，人们到达那里很方便，再有就是使用起来没有负担，这样人们才能更加愿意亲近和使用这类建筑空间。

　　例如，浙江拾云山房书屋项目，是为了给当地居民提供一个阅读的空间，但是也考虑到了儿童的游戏区，甚至是路过的行人也可以在书屋下休息。这样一个能供人们阅读、休息和陪伴小朋友的地方自然就会吸引很多人来此。

© 拾云山房 / 尌林建筑设计事务所 / 赵奕龙 / 陈林
山房为村民提供了休闲互动的空间

另一个项目是西河粮油博物馆及村民活动中心改造与升级。这是一个原有项目的改造和升级，在 2013 年设计师就将原建筑改造成了一座小型博物馆和多功能用途的村民活动中心，如今的改造升级，增加了农作物展示区，也增加了亲子互动体验元素，与时俱进，使建筑更好地为人们服务。室内设计中增加了"粮"和"油"的展示，不仅增加了游客的趣味体验，同时也能再现中国乡村的宝贵历史，将建筑空间和产业经营结合在一起，实现了乡村振兴的理想。

◎ 西河粮油博物馆及村民活动中心改造与升级 / 三文建筑 / 何崴工作室 / 金伟琦
以"粮"和"油"为主题的展示空间

## 2.3 以餐厅、咖啡厅、茶室为代表的餐饮空间

除了上面提到的居住空间和公共空间，在乡村文旅建筑类别中，还有一类是属于盈利性质的餐饮空间。在乡村旅游时，游客也想体验城市的繁华，就会选择一些餐饮空间来丰富自己的旅程。

不同于城市里面的餐厅和咖啡厅，在乡村里面的餐饮空间更加接近自然，让人觉得仿佛就在自然中间品味饮食，拉近了人和自然的关系，也让平时很匆忙的饮食习惯慢了下来。

在贵州有一栋"山间餐厅与酒吧"建筑，虽然工期很短，但是设计师依然为建筑空间争取到了更好的景观。项目位于一个陡坡上，背靠竹林，周边有河谷和群山，这样的自然环境，让人不自觉都要驻足。餐厅使用了玻璃和百叶结合的方式，引入了自然光，让整个餐厅置身于山谷之中。该项目还作为扶贫项目，为当地旅游业带来了一定经济效益。

◎ 山间餐厅与酒吧 /ZJJZ 休耕建筑 /Laurian Ghinitoiu, ZJJZ
坐落在群山之中的用餐空间

## 3. 乡村文旅建筑的建造及改造原则

如今越来越多的乡村文旅建筑被建造或是被改造，有的成功地帮助了当地的乡村振兴，有的则如昙花一现，过了新鲜感就被人们遗忘，失去了价值。作为当地乡村振兴的一部分，好的乡村文旅建筑应该具有长久的生命力和过硬的商业价值以及公益价值，因此，在建筑建造开始之前，设计师就要考虑很多方面，在改造过程中，更是要遵循一定的原则。这样才能提高文旅建筑的使用概率，更好地为当地服务。

### 3.1 文旅建筑从选址到建造时应考虑的因素

如今文旅建筑成为一种新的建筑样式，在中国呈现出蓬勃发展的趋势。当然，这其中，有成功的案例，也有失败的案例。并不是说建筑本身是失败的，只能说没有找到适合当地的建筑风格，从而导致建筑并没有被合理地使用。文旅建筑在建造时应该考虑以下几点因素。

首先是建筑选址周边的自然环境。从气候角度看，四季温差不大的南方乡村是比较适合民宿建筑选址的，因为这样的民宿在一年中可以使用的时间比较长，容易产生合理的经济效益。另一方面，南方的地理环境比较多样化，山地和丘陵等地质环境也造就了丰富的自然美景，可供游客欣赏。

其次，从文化环境角度看，当地乡村的风土人情，或者是传统文化氛围浓郁的地方比较适合建造文旅建筑。除了自然环境的吸引力，当地的历史文化价值也是吸引游客的因素。大部分古镇因为其独特的魅力，游客在其中能体味到历史。因此，在这类地方进行选址比较容易获得成功。

最后，从社会环境角度分析，当地居民的基本素质和对外来游客的态度，以及服务意识和诚信水平等也是决定建筑选址的一个考虑因素。毕竟建筑的周期很短暂，最终是要靠主人和当地居民一起经营。最后就是周边的道路交通和基础设施完善情况等因素也会影响文旅建筑的选址。

© 王家疃村之拾贰间美学堂 / 三文建筑 / 何崴工作室 / 金伟琦
山东作为儒家文化发源地，以其浓厚的传统文化氛围吸引各地游客到此

### 3.2 让乡村文旅形成品牌合力，避免单打独斗

回顾中国的乡村文旅产业的发展，有很多成功的案例，也有很多失败的情况。从那些成功案例中，我们可以看到，单靠一个一个的文旅建筑很难具有长久的生命力，那些成功的文旅产品大部分都是靠凝聚在一起才成就了今天的辉煌。中国现阶段大部分民宿都是个体运营，因为经营者个人情怀的不同，民宿的风格多种多样，有的并没有考虑当地的风土人情，有的则是跟风模仿缺失自己的特色，选址也非常零散。因为自身的经济状况有限，也没有对配套设施进行整体规划，品牌竞争力非常低。

然而，还有很多成功的案例值得我们学习。例如，浙江杭州的桐庐县自然环境优美，当地始终坚持发展美丽生态，积极打造文旅产业品牌，不断引进高端体验项目，形成文旅融合发展的新局面。桐庐合村乡、莪山乡、旧县街道等依靠当地良好的自然环境和丰富的旅游资源，积极发展休闲农场、文创农业、特色民宿等新模式。

同时，为了提高品牌的知名度，很多有计划的当地活动也按时举办，莪山乡的"开酒节"、畲族特色长桌宴等活动也是吸引游客的方式。莫干山每年都会举办运动节，乌镇举办戏剧节，这些活动的宣传非常广，不仅为游客提供了更丰富、更立体的体验产品，还使得当地民宿受益于整体的营销氛围，提高了品牌的知名度。

### 3.3 尊重当地自然环境及建筑的历史风貌

乡村文旅建筑具有一定的特殊性，首先是地理位置的特殊性，乡村建筑周边都是风景秀丽的自然环境，如何和自然环境相融合，是设计师首先要考虑的原则。很多建筑的主人出于对成本的考虑，可能会按照自己的解读去改造和建造新建筑，但是和周边自然环境格格不入，反而降低了建筑的价值。

其次是周边人文环境的特殊性，很多当地居民盲目追求新建筑，将旧建筑完全取缔，使建筑失去了自己的人文特征，看不到建筑独特的美感，一味地跟风改造，失去了乡村文旅建筑原有的历史文化特征。

最后是建筑风格的特殊性。无论是乡村建筑的改造还是乡村建筑的新建，每一栋建筑都要有自己的风格，是乡村建筑改造和再建的基础。我们要遵循当地建筑主体风格，在此基础上加入新的元素，避免出现怪异的建筑风格。

例如，青龙坞言几又乡村胶囊旅社书店项目中，原有建筑是木骨泥墙的老宅，设计师在改造中，增加了玻璃木窗和和夯土墙，但是依然尊重老宅原有的旧窗风格，新旧浑然一体，并没有强调新，而是力求和旧风格一致。建筑室外地面的青砖也被保留下来，而且设计师在室内也使用原有材质的青砖，保持了室内外风格的延续。又如，斗山驿镇文化会客厅项目中，建筑位于江汉平原的丘陵地形，周边有很多高差很大的田埂，设计师根据这个特征设计了长条形体量的建筑，和周边的自然环境融合，又具有建筑自身的特色。

旧建筑的完全拆除不仅仅增加了改造的成本，也失去了建筑原有的文化价值，很多具有当地特色的建筑材料也会在这个过程中遗失，因此每一个乡村文旅建筑的落地都应该尊重当地特色，和周边自然环境人文环境相融合。

© 青龙坞言几又乡村胶囊旅社书店 / Atelier tao+c 西涛设计工作室 / 苏圣亮
传统夯土墙与新置入的玻璃木窗完美搭配

### 3.4 建筑材料的选取要符合当地环境及气候特征，就地取材

　　中国地域辽阔，从东到西，从北到南，每一个地域都有自己的建筑风格和特色建筑材料，大体而言，建筑材料和当地气候的关系很紧密，主要受到以下几个因素的影响：首先是日照的长短，日照是建筑采光的前提，高纬度和低纬度的光照程度不一样，这决定了建筑的朝向、建筑之间的距离，当然也决定了使用哪种建筑材料才能增加日照时长。其次是气温和湿度也决定了使用哪种建筑材料，不同的地理位置决定了不同的气温和湿度环境，这要求设计师能找到合适的建筑材料来满足不同的气候条件。最后是风力环境，无论是老建筑还是新建筑，都要求能实现合理的通风，这要求设计师研究当地的风向，来判定建筑的通风环境。

　　整体而言，北方地区的建筑风格多为厚重的墙体，房屋的房顶多是平整的，建筑的窗户小，这样才可以抵御北方冬天的寒冷。在建筑建设中，比较侧重于选择当地的黄土、石块等材质肌理比较厚重的建筑材料。而南方地区的建筑，因为具有众多的高山河流等丰富的自然地理特征，因此，建筑房顶大部分有一定的坡度来适应雨季，建筑材料更加多样化。

© 虎峰山·寺下山隐民宿 / 悦集建筑设计事务所 / 刘国畅
适应当地环境的传统夯土墙

### 3.5 保障建筑建造过程中的标准化和使用的安全性

乡村建筑的改造和新建也要考虑安全性。乡村建筑几乎都是独立建筑，有自己的水电路和消防设备，虽然不能像城市建筑那样，进行统一管理，但是乡村建筑也有自己的建设规范。

乡村建筑的标准化和规范化要求我们可以参考《美丽乡村建设指南》（GB/T32000-2015）里面的内容，乡村房屋建筑要符合规划，如果是村民的住宅，里面有详细的要求。"房屋建筑符合规划，住宅形式、体量、色彩和高度等协调美观，设置标准化门牌，体现乡村风格和地域特色。院落空间组织合理，格局协调；农村住宅日照时数、日照卫生间距、采光系数、室深系数、自然照度系数、居室净高、人均居住面积等卫生指标符合 GB 9981-1988 中 2.2.1 的 IV 区要求。"虽然有很多民宿和其他建筑的存在，但是住宅的规划要求也要跟周边环境融合，避免住宅和其他乡村建筑完全违和。

《美丽乡村建设指南》中也规定了乡村整体风格的统一性和标准化要求，虽然不能强制要求每一栋建筑都是一模一样的，但是对于整体的要求，有一个大致的方向。"对影响村庄空间外观视觉的外墙和屋顶进行美化。外墙可粉刷涂料或粘贴面砖，做到涂料粉刷色彩均匀，面砖粘贴牢固平整，并与周边环境相协调。清除屋顶杂物、拆除屋顶违法违章或不雅搭建物，规范太阳能热水器等设施的安装，遮蔽或美化处理屋顶空调等设备，喷涂或涂刷屋顶立面，使屋顶达到整齐、洁净、优美的效果。"

建筑的安全性应该从几个方面注意，首先是设计师在建筑设计中，要充分考察当地的地质条件和气候特征。在设计中，选择符合当地特征的建筑材料和设计理念，避免出现设计脱离实际的情况，为后面的建设增加风险。当然，也不能故步自封，在保障安全性和经济可行性的前提下，我们也要鼓励建筑领域的新技术、新材料、新工艺在乡村建筑中的使用和推广。原有的建筑材料因为是取自当地，易被大家接受，但是新材料的性能更加完善，也可以用于乡村建筑的建设中。其次，建筑的抗震性能要按照国家标准，以保证建筑的质量。最后，是要提高具体施工人的安全意识，在建筑过程中，一定要符合建筑规范，必要的安全防护措施一定要做到位，不能存在侥幸心理。

### 3.6 提升建筑的使用效率

乡村建筑的改造和建设都要满足一定的经济和公益需求，如今在大力发展乡村振兴的背景下，乡村建筑更多的是服务于游客，提供给游客优质的服务，但是越来越多的公益性质建筑也在慢慢出现，这类建筑同样给游客留下了深刻的印象，也为当地人提供了生活的便利，丰富了人们的业余生活。

设计师在接手项目的时候，要跟项目主人充分沟通，因为每一栋建筑的需求是不一样的，原来建筑可能没有进行过空间规划设计，只是主人根据自己的需求建设的，那么改造和新建后的建筑会有很多地方的改变，这需要充分听从主人的意见和想法。例如，如果要改造住宅为民宿，那么就要求客房多一些，这样可以提高经济效益，那么设计师在设计中，要多考虑划分多个客房空间来满足这一需求。如果建筑是用来满足村民生活活动需求的，那么就要考虑建筑的开阔性，避免在狭小的空间中进行活动，这样会造成村民的困扰，从而放弃使用。总之，乡村建筑的改造和新建，既要兼顾接待游客的作用，也要能满足本地村民生活活动的需求，根据不同的需求要做出不同的改变。

## 4. 以文旅振兴乡村的规划重点

以文旅作为振兴乡村的方式已经被越来越多人接受，以往我们强调注重"三农"关系，带领农民致富。如今，对乡村文化建设也越来越重视，强调要保护乡村的特色文化，塑造和改造乡村的历史建筑，展现乡村的生活方式，帮助乡村的特色产业转型，以文旅产业为突破口，实现振兴乡村的目的。

### 4.1 打造乡村 IP

2019 年，《中共中央国务院关于坚持农业农村优先发展做好"三农"工作的若干意见》发布，里面明确指出，"加快发展乡村特色产业，倡导'一村一品''一县一业'鼓励乡村创响一批'土字号''乡字号'特色产品品牌。""一村一品"和"一县一业"都强调每一个乡村都应该有自己特色的产业品牌，发挥当地的优势实现产业转型。而"土字号""乡字号"的要求就是要打造属于自己乡村 IP 的要求。乡村文旅振兴要求乡村能找到自身的特色产品，经过积极有效的包装设计，创造产业型项目。同时，也要能积极推广乡村 IP 形象，帮助乡村文创产品的研发和推广，提高乡村 IP 的识别度和竞争力。

很多乡村里面的农产品有很高的品质和评价，但是因为没有专属的品牌作为推广，没有实现最大的经济价值，也没能带领乡村振兴，因此，这需要乡村能根据自身的特点，提出具有吸引力的乡村文化品牌，为自己的美丽乡村打造其专属 IP，从而得到更多人的关注和支持。

有的人不理解品牌效益，觉得只要产品好自然就会受到关注，但是事实上，很多乡村产品多是千篇一律而没有自身的特色，也不能体现当地文化和历史，产品在比较中被淘汰。很多乡村产品都是原生态，没有品牌没有包装，而如今文创产业的发展使得人们更加注重产品背后的故事，能讲一个好故事的产品更加吸引人们的关注，因此，打造乡村 IP 不仅仅是推广产品，更多的是推广产品背后的乡村文化软实力。

除了从经济角度分析，急需要打造乡村产品品牌。如今的市场旅游业的变化也促成乡村 IP 产业新格局的形成。以往旅游是你有什么，我去看什么，这种传统的旅游资源以景色为主导正在慢慢转变为以游客为主导，你要什么，我提供什么的方式，很多个性化体验和定制服务逐渐出现。以往的旅游更注重放松身心，而现在人们出行开始注重深度的体验，看中的是乡村旅游背后的文化和历史气息，很多建筑的改造一方面能满足现代人的使用需求，另一方面也能让游客在其中感受当地的文化魅力。

打造属于自己的乡村 IP，需要乡村找好自己的定位。品牌设计必不可少，把乡村以文化名片的形式介绍给更多的人。其次，要懂得丰富乡村品牌背后的故事，要根据当地的历史文化精神来打造品牌，避免脱离实际硬性塑造。品牌要有自己的特色和价值，这样才能赋予产品更长久的生命力。最后，要保证产品和产业的质量，包装是一种方式，但是产品的持久性还是要考质量，没有好的产品，即使有高识别度的 IP，人们最初被吸引，但是也不会长久生存，反而会给乡村带来消极的影响。很多年轻文创产业的崛起，给乡村 IP 的打造提供很多便利，我们也可以和他们积极合作，共同创造属于乡村自己的 IP，很多新的营销方式也在慢慢参与到其中，为实现我们的乡村振兴而努力。

### 4.2 提升乡村基础设施建设

乡村旅游的发展，除了增加民宿和酒店等住宿建筑以外，乡村基础设施的提升、人居环境的改善，才是乡村旅游发展的基础性保障。为深入落实党的十九大精神，中共中央、国务院发布了《乡村振兴战略规划 (2018—2022 年 )》。《规划》提出，继续把基础设施建设重点放在农村，持续加大投入力度，加快补齐农村基础设施短板，促进城乡基础设施互联互通，推动农村基础设施提档升级。

乡村的基础设施建设涉及的方面比较广泛，首先，从交流角度看，乡村的交通设施要进一步完善，只有解决了道路问题，才能让更多的人"走进来"，便利的交通设施，例如公路、高铁等的兴建，使得城市到达乡村的方式更加多样化，也更加便捷，这有助于乡村旅游业的发展；其次，从生活角度看，乡村的污水排放设施、垃圾处理配套设施等这些基础设施的建设和改善，也能改变乡村的整体风貌，给人们展示出干净整洁的生活环境，进一步吸引游客。如果只是民宿环境优美，周边基础设施不完善，也会影响人们的使用和体验。最后，从新型基础设施角度看，乡村的网络和电网等基础设施的完善，能进一步缩小城乡差距，同时也能吸引更多的投资。进一步实施乡村电气化改善工程、完善乡村电网。

### 4.3 加强乡村精神文化建设

除了上面提到的提升基础设施建设之外，乡村的精神文化建设也是振兴乡村的重要内容。培育文明乡风、良好家风、淳朴民风，助推乡村振兴战略实施。

乡村旅游作为一种新兴产业，对于乡村的要求越来越高，因为产业最终也是人和人之间的交流，提高乡村的精神文化建设才能更好地服务行业，使得乡村具有长久的发展生命力。以往我们经常提到精神文化建设大部分是思想的宣传，如今的精神文化建设也可以通过建筑乡村特色博物馆和图书馆来实现，人们渴望了解外面的世界，也渴望跟上时代的步伐，这些公益性质的文化空间建筑的出现，能帮助乡村进一步发展。

同时，要重视传统文化的继承，每一个乡村都有自己发展的历史和人文环境，要继承传统，丰富乡村的内涵美，远离低俗的文化，多培养格调高的素养。

© 青龙坞言几又乡村胶囊旅社书店 / Atelier tao+c 西涛设计工作室 / 苏圣亮
**文旅建筑中的阅读空间为村民们提供了学习文化知识的平台**

### 4.4 让更多当地居民参与到乡村文旅行业之中，提升劳动力使用价值

无论是民宿建筑还是文化空间建筑，都应服务于当地乡村旅游业发展。而旅游业的发展必将会带来一定的经济效益。虽然从长远来讲，终极目标是提升乡村的整体素质。但是从眼前来讲，是要让人们看到实惠。发展乡村旅游业是转变农民收入增收方式、改变农民生活方式的有效途径。以往，农民都是依靠土地和农产品来增加收入。但是乡村旅游业的崛起使得

农民有了新的经济来源。同时，也能进一步推广自己的农产品，增加附加值，提高收入。

另一方面，乡村旅游业大部分对人员的年龄和经验没有太多要求，反而需要熟悉环境的人来工作，因此，越来越多当地劳动力参与到乡村文旅发展中。以往靠青壮年来参与劳动生产，获得收入，如今乡村旅游业的发展使得越来越多其他年龄段的农民也可以有收入，提供了更多的就业舞台。如果可以不离乡背井就能有丰厚的回报，自然吸引了出外打工的劳动力回归乡村，从而进一步推动了农村经济的发展。

### 4.5 通过旅游业振兴乡村经济，完成产业化升级

产业化升级指的是通过改变产品结构，提高生产效率和产品质量，来增加产品的附加值，使得原有的产业更加具有经济效益和社会效益。而乡村产业化升级一般指的是农业产业的发展。我国的乡村振兴战略中提出，乡村产业振兴要紧紧围绕农村第一、第二、第三产业的融合发展，以农业为主，进一步丰富农村产业的多样性。

乡村旅游业的发展正是符合这一要求，旅游业依靠乡村的自然和人文环境，属于第三产业，同时也能推动农村第一产业和第二产业的发展。例如，日益完善的乡村旅游业的发展，能给周边的农副产品的发展带来新的转机。农副产品作为旅游业的副产品，游客在当地就可以体验产品的口感和味道，走之前作为礼物再带到城市是一种趋势。并且相对于在城市能看到的农产品，在乡村，特色的农产品质量更好，价格更优惠，更加新鲜。因此，乡村旅游业能够为产业化升级做出贡献。

另一方面，乡村旅游业的发展也推动了农产品品牌的建立。以往的农产品靠价格取胜，农民得到的经济利益其实很有限。随着乡村文创的发展，很多农产品有了自己的品牌，以往单打独斗互相竞争，变成了合力形成品牌力量，增加了农产品的故事性和文化性，这从根本上改变了农产品相似性的弊端，突出了当地特色。品牌必然带动周边其他产业的发展，这使得每一个乡村都有自己特别的记忆点，以此和其他乡村区别开。

◎ "西河良油"文创产品 / 何崴

**推广当地特色农产品有助于增加农民收入，完成乡村产业化升级**

#### 4.6 特色小镇中的乡村与文旅建筑

特色小镇的概念是 2016 年提出来的，目的是为了更好地发展乡镇，创造宜居的环境，打造新产业形态，展示当地的特色文化。《国家发展改革委办公厅关于建立特色小镇和特色小城镇高质量发展机制的通知》中指出，"要以引导特色产业发展为核心，以严格遵循发展规律、严控房地产化倾向、严防政府债务风险为底线，以建立规范纠偏机制、典型引路机制、服务支撑机制为重点，加快建立特色小镇和特色小城镇高质量发展机制。"特色小镇可以从根本上改变当地人的收入构成，提高当地的经济效益。另一方面，也可以保护当地的自然环境，以往以牺牲环境带来经济效益的产业模式发生改变，人们的生活环境也得到了提高。最后，特色小镇的建立也可以促进非物质文化遗产的传承，保护当地优秀的传统文化。

随着各地特色小镇的出现，必定会带动周边的经济发展和乡镇面貌的变化，这其中也推动了文旅建筑的大量出现。特色小镇的打造并不是要建成另一个城市形态，而是要充分考虑当地的自然环境和传统文化，保留乡村的整体风貌特色，里面的建筑风格要有整体的规划和统筹，不能因为急于创造经济利益就匆匆改造，而是要尽量保留当地的特色，这样才能有更长久的生命力。这对于其中的文旅建筑有很高的要求，设计师不仅仅是要改造和新建一栋建筑，而是要考量多种因素，坚持实事求是、因地制宜、量力而行的基本原则，甚至有时候还需要和其他设计师进行通力合作，才能保证一个特色小镇的统一性。

### 5. 文旅建筑对于促进乡村发展的意义

如今，忙碌城市里的人们对乡村自然观光，体验式观光休闲旅游的需求日益增多，乡村旅游业的发展也越来越完善。不同于城市里面大抵相似的建筑群落，乡村具有独特的自然风光，传统建筑的独特风貌，还有质朴的人文环境，这成为了乡村旅游发展的条件。乡村旅游业的需求促使周边配套设施的完善，乡村里面原有的建筑大部分都是自建房，用于生活需求，过于简单古朴，并且里面的设施也很简陋，不同于城市便利的生活设施，这样的条件和建筑恐怕不能长久地吸引游客来此，这会导致游客的旅游体验变差，最终也会失去本来乡村的生命力。因此，需要建设具有现代化设施的民宿或者是其他公共设施来满足城市人们对于乡村自然生活的向往。从而形成良性的循环，吸引更多的人们来到乡村享受生活。

其次，我们以往的乡村产业振兴最主要就是通过农业发展来给农民带来经济收入。如今的乡村建筑的改造和建设也可以给乡村带来一定的经济利益，丰富乡村产业内容。如今的旅游业发展迅速，人们不仅仅是要去看乡村的风景，也想体验乡村生活。乡村周边的服务业也越来越丰富，以往只有饭店的形式单一的商铺，如今，通过建筑设计师的改造和建设，很多具有当地特色的民宿、图书馆、展览馆甚至是活动中心，都可以给人们带来不一样的体验。在这其中，增加了就业岗位，农民的收入构成也更加多样化。

最后，文旅建筑越来越多，也改变了以往乡村的面貌，使得乡村和城市的差距越来越小，对于自然环境的保护和改善也有一定的帮助。以往人们的环保意识没有那么强烈，对于自然环境无尽地索取，破坏了自然环境。乡村旅游业的发展带来的经济效益，使得当地人们看到了新的发展方向，只有美丽的乡村才能带来长久的发展。这样的观念深入人心，对于整体环境的改善有一定的意义。

© 虎峰山·寺下山隐民宿 / 悦集建筑设计事务所 / 凌子
美丽的田园风光吸引着喧嚣都市里的人们来此放松身心

© 鄉根 · 东林渡民宿 / 一本造建筑设计工作室 / 康伟

参考文献：

[1] 杨洪，邹家红 . 我国乡村旅游持续发展研究 [J]. 中国农业资源与区划，2007，
（3）：49-52.

[2] 侯宏畅 . 乡村建筑空间改造中地域文化元素的应用分析 [J]. 山西建筑，2018，
（25）：31.

[3] 潘峰，回声 . 休旅视角下文创特色小镇开发策略研究 [J]. 合肥师范学院学报，
2018，（2）：55-58.

## ZJJZ 休耕建筑

　　休耕建筑设计工作室于 2013 年在上海成立，核心成员曾就职于矶崎新工作室、如恩设计研究室等国际知名公司。团队专业经验涵盖美术馆、图书馆、博物馆、学校、音乐厅、酒店等公建类项目，专注于对不同类型的公共空间提出具有针对性的设计方案，在充分研究合理性的同时，追求具有突破性、创造性的空间使用方式及空间体验。过去几年间，休耕建筑设计工作室获得了众多奖项。其中，贵州大发天渠游客中心入围建筑日闻网站（ARCHDAILY）2019 年中国年度大奖前 10 名，并获得德国标志性建筑奖（German Iconic Awards – Innovative Architecture）的最高荣誉"best of best"奖项；木屋酒店项目入围 2019 年 DEZEEN AWARDS 酒店项目奖，并入选 DEZEEN 的"2019 中国十佳建筑项目"。此外，休耕建筑设计工作室获得了"2018FA 青年建筑师 TOP40"的称号。

## Introduction
# 概论

# 民宿酒店及餐饮空间

　　如今中国的城市化发展越来越迅速，但是对于乡村建设也一直未停歇。尽管政府出台了各种政策引导贫困乡村的振兴，但实际工作的开展依然困难重重，目前中国大约还有一小部分人口生活在贫困乡村之中。

　　在过去几年间，休耕建筑设计工作室完成了团结村木屋酒店、山间餐厅与酒吧、贵州大发天渠游客中心等位于贫困乡村的建筑项目。团结村是贵州大山里的深度贫困村，截至 2016 年，团结村的 5000 余村民的 1/3 人口仍生活在国家贫困线之下。我们在承接团结村的部分重点建设项目之后，与业主共同从模糊的设计条件开始，依据当地的特有情况谨慎地探讨乡村议题。我们希望场地选择及建筑形式能让建筑成为感受景观的载体，也能安静地融入原生态环境，同时建筑功能及形态能够更好地强化当地农业观光吸引力，提供公共空间及就业机会，改善当地民众的生活条件。

　　在项目的设计和建造过程中，我们看到原生及回流的村民加入施工队成为乡村的建设者，也成为旅游设施的运营者、使用者，形成自力更

生的良性循环。同时，建筑在当地旅游经济中扮演起重要的角色，其安静而谨慎的建筑设计，是产生景观感受最大化的载体；而旅客中心成为当地公共生态的圆心，户外阶梯剧场定期进行民俗演出、举行周末农夫市集，为农旅结合的扶贫机制打下基础。

其中，大发天渠游客中心项目，从承接至开始运营，历时不过短短10个月。项目承受了极度紧张的预算和工期的考验，最终成为团结村的新地标，推动着周边地区的进一步发展。而这种挑战和工作模式，正是所有中国乡村项目的现状。

村的改变是个过程，建筑项目的落成仅仅是多个小的起点。当广袤乡村向建筑师敞开，成为关系民生的新兴建造场所时，建筑师要如何应对乡村给予的机遇和社会责任，我们认为团结村的项目能够提供一个很好的参照样本，是十分具有实践意义的项目。

而今中国的农村建设逐渐成为中国社会发展直面的话题，但建成项目良莠不齐。我们希望业界能够给予中国农村更充分的关注，鼓励更多年轻有志的建筑师深入乡村，推动乡村建设往更好的方向发展。

Appreciation
案例赏析

# 婺源虹关村留耕堂修复与改造

百年徽州老宅的新生

**项目地点**
江西省婺源县虹关村
**项目面积**
800 平方米
**设计公司**
三文建筑 / 何崴工作室
**主创建筑师**
何崴 / 陈龙
**设计团队**
赵卓然 / 曹诗晴 / 吴前铖（实习）
叶玉欣（实习）/ 高俊峰（实习）
**摄影**
方立明

1. 院落入口
2. 建留耕堂院落空间中的新旧建筑关系

## 缘起和沿革

2017 年初，在婺源当地一直专注于修复和利用徽州古宅的吴志轩先生找到了设计团队，希望能够共同打造一个以徽墨文化为主题的民宿。设计团队接受了任务，并试图与业主一起，通过修复、改建和创新，探索出特定文化背景下的、符合当代需要的古民居修复和改造利用之路。

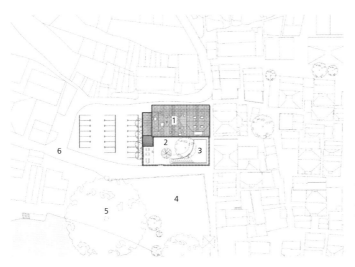

1. 留耕堂
2. 留耕堂庭院
3. 咖啡厅
4. 村口广场
5. 大樟树
6. 进村主入口

总平面图

项目位于江西省婺源县虹关村。婺源属于古徽州的范围，虹关村位于婺源县城关北50公里，是明清时代享誉全国的制墨圣地，有"世间烟墨七分出徽州，徽州烟墨七分出虹关"之说。虹关村詹氏家族就是虹关古烟墨的代表：正是詹元秀（1627-1703）改良了原有工艺，使虹关烟墨成为文人墨客的钟爱之品，如今在故宫博物院里就可以看到虹关詹氏墨品。

3

4

留耕堂位于虹关村村口，是清末制墨大师詹成圭的第三个孙子詹国涵的宅第。建筑面对村口1600年的大樟树，及近年来修建的村民活动广场，是当地少有的带院落的宅子。特殊的区位和开敞的院落使留耕堂从古村密集的肌理中"游离"出来，这也是业主长租并修复改造其为民宿的原因之一。

5

原貌及过程图

业主在租用留耕堂时，客馆后部已经因大火基本焚毁，仅剩四面墙体及空地。业主首先召集了当地工匠，采用修旧如旧的方式，对客馆后部及厨房部分按照传统建筑工艺进行了修复。值得一说的是此次修复行为是虹关村近几十年来第一座按照传统工艺修建的房子，而修建的过程被完整地记录了下来，成为了当地非遗研究的重要资料。

留耕堂原有空间结构，由东至西分为三个部分：正堂、客馆、厨房。正堂年代最为久远，为单天井三合院，二层，入户门位于建筑东南角，隐于小巷之间，是往日主人一家的居住生活空间。中部客馆为双天井四合院式布局，大部分建筑为二层，由两个独立的居住空间构成，供旧时客人及下人居住。厨房为三层木构空间，一层为厨房，二三层用于堆放杂物农具。建筑三个部分既可独立使用，又可相互连通。建筑与院落通过客馆南侧小门连接，院内有一棵桂树、一棵枣树和一小片竹林。

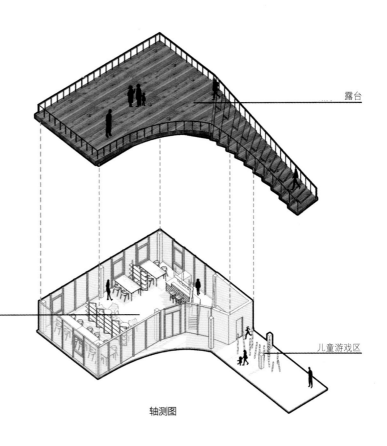

露台

咖啡厅

儿童游戏区

轴测图

3. 虹关村总体鸟瞰
4. 留耕堂与村民广场及大樟树区位的关系
5. 留耕堂航拍

## 空间梳理与物理升级

设计团队介入时，建筑修缮工作已接近完成，建筑空间格局已经基本确定。根据新的使用功能——民宿，设计团队首先对流线进行了梳理：精简了建筑原有重复的楼梯，将二层三个独立的区域贯通，形成连续的交通流线。然后，将公共服务空间和住宿空间进行了分区。民宿的空间功能需要兼顾住宿和公共空间的生活体验，动静得体，私密与公共区域有机共处。设计将正堂及客馆部分的二三层定义为客房，共计13间。一层及原先厨房部分作为公共服务及配套餐饮空间，设有书房、琴房、画室、棋室、茶室、餐饮等功能性空间。

院落被重新梳理，保留具有空间属性的桂树和枣树，在东南部增加一个咖啡厅，既满足了住客的日常需求，同时也可以对外接待旅游人群。

建筑舒适度的提升对本项目至关重要。由于建筑未来的功能是民宿，老建筑无法满足新功能所需的隔音、保温、卫生间给排水等要求。在尽量不破坏建筑传统风貌和格局的前提下，改造设计增设了上下对位的卫生间，对现有木板隔墙进行增厚，并填充了保温隔音材料，同时增设了电地暖和空调及24小时热水，保证了舒适度。

6

7

剖面图

6. 新建筑具有逐级抬高的阶梯型屋顶
7. 新建筑的玻璃立面与村落环境产生对比
8. 正堂空间原有的布局被读书空间替换
9. 正堂东南角放置琴案

## 正堂，怀揣敬畏的创新

建筑师企图在古建修复和空间创新中寻求一种平衡。对于留耕堂旧建筑部分，建筑师采取了克制的设计态度，尽最大的可能性保持徽州古宅的空间精神。与此同时，通过对正堂、天井、楼梯、餐厅等公共空间的改造，达到民宿功能的舒适性。此外，在局部位置，以可逆方式置入新材料、新形态，活跃空间气氛，形成新老对话。

正堂是建筑原本最重要的公共空间，它往往起到点题的作用，是显示主人理想和品味的重要载体，在徽州古宅中具有独特的精神内核作用。新正堂的公共作用被进一步强化，并结合空间新的功能和风格，重新定义留耕堂新老"主人"的情怀。整个空间以书、画、琴、茶为主题：正堂空间原有的布局被读书空间替换，地面采用架空处理，两边增设书架，阅读回归低座的形式。原空间保留完好的隔板墙被保留成为空间的垂直界面，与新加入的家具形成对话。正堂高处的匾额"留耕堂"仍居于原处，在点题之余成为整个空间的精神源点。

正堂东西两侧原为居住空间，一个改为画室，一个改为茶室。设计团队在天井中设计了一个镜面水池，水池上业主邀请当地艺术家以钢板为原料创作以山水为意向的装置，成为正堂的对景。天井西南侧附属空间安放了琴案，可以抚琴，东南侧仍旧保留建筑原始入口。

10

## 客馆，创造现代恬淡生活

  客馆与正堂平行，两进，南面一进是一个独立的空间。改造后这里被设计为一个家庭套间，有自己的天井和独立的楼梯。北面一进，南低北高，四合，东侧有小门与正堂一跨相连，西侧连接餐厅，南侧两层，北房三层。天井是空间的核心，也是此处唯一"透气"的地方。与周边的古色古香不同，建筑师希望引入艺术性元素，活跃气氛。最终，一组"鱼跃龙门"主题装置被悬挂在空间中，金属材料灵动的反射光线，给原本狭小的天井空间带来了灵气。

  客馆北侧的三层是留耕堂民宿中最大也最奢侈的客房。它独占一层，南侧的大玻璃可以将阳光引入房间。人坐在床前或躺在浴缸内，透过玻璃又可以将近脊远山的四季烟雨尽收眼底，虽不是古人的生活方式，但有古人的恬淡意境。

11

12

### 餐厅，实用与气氛并重

　　餐厅分为三层，一层为休闲区和2至4人小桌，二层设两个大圆桌，满足多人用餐需求，三层为茶室空间。在满足客人就餐需求的同时，建筑师和业主还希望给予空间一定的休闲和文化氛围。在一楼，一个手工壁炉被置入到空间中，略显粗犷的风格给室内平添了农家的气氛。壁炉北侧的天井，业主邀请了著名艺术家文那创作了高九米的《墨神图》，将徽墨故事以现代插画方式展现出来。在点题之余，也与留耕堂整体设计思路相互应和。

　　二层设置了一间小棋室。透过大玻璃窗，棋室与客馆的天井可以互看。建筑师在棋室屋顶设计了一个桶型天窗，将天光引入室内，形成戏剧性的光圈。棋室室内素朴，并没有过多的装饰，榻榻米配以白墙，让人静心。唯一的装饰来自北侧墙面，设计师采用宣纸裱褙，背后暗藏灯光玄机。关灯时，墙面平整无奇，开灯时显示出一轮满月。

　　三层由原来建筑杂物间和屋顶平台扩建而成，可以很好地瞭望村口大树、溪流和稻田，具有很好的视野。建筑师采用了玻璃立面的处理方式，尽量使房间通透、轻盈，避免过重的体量对老建筑部分的影响。

13

14

10. 客馆三层大客房
11. 客馆中庭
12. 棋室空间中隐藏的"一轮满月"
13. 餐厅三层茶室具有良好的观景视野
14. 餐厅一层的手工壁炉为空间增加了农家的气氛

## 院落，新建筑创造新场域

　　由于虹关村未来巨大的旅游潜力，业主希望利用院落增设一个对外服务的空间，平时作为咖啡厅使用，兼作小型会议和教室功能。对此，建筑师一方面认为是很必要的，另一方面又不希望建筑过于突出。因为，太突出的新建筑势必会影响留耕堂老宅的主体地位。

　　最终，咖啡厅选址在院落的东南角，以东、南院墙为边，以场地现存桂树为心，划出一道弧形边线。新建筑没有采用传统的风格，它更像是一个无风格的几何体。为了不"占用"户外空间，建筑师希望将新建筑的屋顶也利用起来。一个逐级抬高的阶梯型屋顶建筑被设计出来，下部空间作为咖啡及多功能厅，上部为屋顶平台，成为户外就餐、活动的场所。上下两个空间通过一个优雅平缓的阶梯连接，既强化了新建筑的特征，突出了老宅主体性，又为本身平淡的庭院提供了竖向维度上的丰富体验。阶梯下部较低矮的区域，利用竹子创造了"竹林"的意象，回应了场地中原有的竹林，也为儿童提供了游戏空间。

15. 新建筑没有采用传统的风格，更像是一个无风格的几何体
16. 桂花树下的院落
17. 新建筑室内外关系

　　新建筑的屋顶外饰面采用木板，修复老建筑时候遗留的旧木料经过打磨加工后，被重新使用，建筑师希望新建筑可以具有可持续思维。新建筑四面均是玻璃幕墙，保持轻透的同时，最大限度地引入阳光。内部空间朴素，家具均可移动，使空间可以灵活布置。

　　配合新建筑，院落的景观也做了设计。平静而不刻意，是院落景观的总体思路。桂树和枣树被保留，成为院落中的制高点和中心，铺装采用徽州当地石板，引入村内明渠在院内形成小水系。老建筑是院落的主背景，而新建筑作为前景，适度分割了院落和村口广场，同时以一种环抱的姿态，凸显了桂树和老建筑立面的重要性，使庭院空间更加立体。

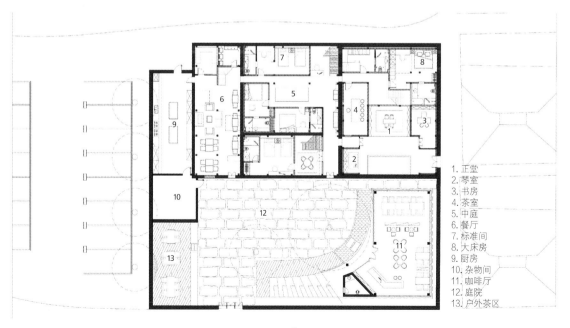

1. 正堂
2. 琴室
3. 书房
4. 茶室
5. 中庭
6. 餐厅
7. 标准间
8. 大床房
9. 厨房
10. 杂物间
11. 咖啡厅
12. 庭院
13. 户外茶区

首层平面图

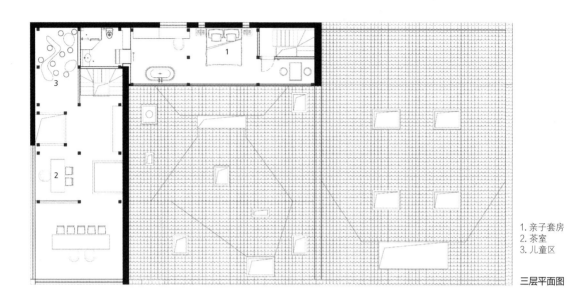

1. 亲子套房
2. 茶室
3. 儿童区

三层平面图

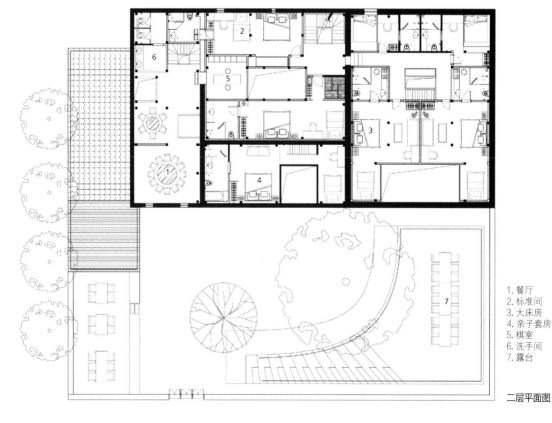

1. 餐厅
2. 标准间
3. 大床房
4. 亲子套房
5. 棋室
6. 洗手间
7. 露台

二层平面图

18. 从新建筑入口看向旧建筑门头

# 王家疃村之柿园民宿

北方乡野与人文气息的结合典范

**项目地点**
山东省威海市环翠区张村镇王家疃村
**项目面积**
480平方米
**设计公司**
三文建筑 / 何崴工作室
**主创建筑师**
何崴 / 陈龙
**设计团队**
张皎洁 / 桑婉晨 / 李强 / 吴礼均
**合作单位**
北京华巨建筑规划设计院有限公司
**摄影**
金伟琦

1. 场地中树木被保留下来，与新建水池形成一种微妙的共生关系
2. 树木水池和亭子成为庭院的重要元素

## 项目概况和背景

王家疃村是一个有百年历史的小村庄。一方面村庄原始格局完好，传统风貌明显，具有较高的文化和旅游价值；另一方面随着农业的衰败，人口的迁出，大量房屋闲置，活力不足。如何在保留乡村风貌和地域特色的前提下，提升生活环境质量，拉动乡村产业，激活乡村，在增加收入的同时，又能满足人民精致生活的需要是本项目试图讨论的命题。

项目离道路较远，且院落与道路之间有二十多米的空地，场地中有大量的果树；两个院落中间有一条直通后山的甬道；后山植物茂密，有柿子树和楸树等高大乔木；临近建筑的位置有一小块农民清理出来的空地，用于堆放杂物。

原有建筑为典型的胶东民居：合院形式，但不是标准四合院。空间规划上只有正房和厢房；深灰色的挂瓦，毛石砌筑的墙体，厚重而华丽。设计师特别喜欢传统砌石工艺带来的手工美感。它与当下粗制滥造的状态形成了鲜明的对比，给人"乡愁"的同时，也唤起了人们对精致生活的遐想。

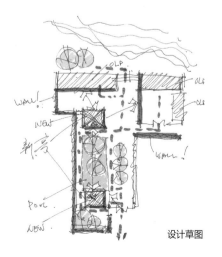

设计草图

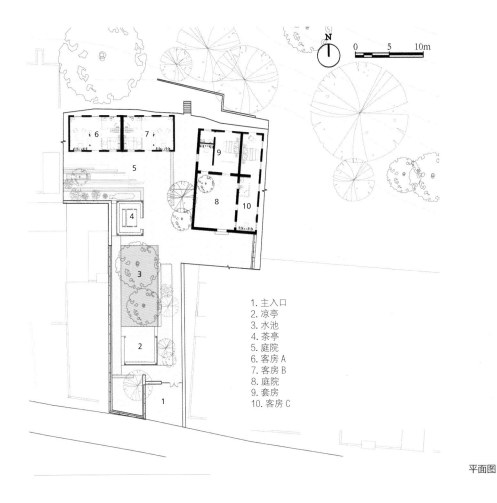

1. 主入口
2. 凉亭
3. 水池
4. 茶亭
5. 庭院
6. 客房A
7. 客房B
8. 庭院
9. 套房
10. 客房C

平面图

**项目改造后的风格和改造要素的使用**

设计希望创造一种北方乡村的"野园"气息。野是指有乡野气息，不是野外；园，不是院，它要有设计，有一定的"人文气息"。因此，考察过程中发现的树、山和石就变得尤为重要，它们都将在新的空间中被"赏玩"，成为园中的主要造景。

树、山和石成为场地中建筑之外的重要元素，甚至是更吸引建筑师的元素。山是背景，树是前景和重要的景观元素，而石头作为一种人与自然的中介，在建造行为中起着至关重要的作用。

3-4. 夜色下的庭院
5. 树木、水池和亭子成为庭院的重要元素

改造中，着重保留了场地中的树木。树木成为设计的起点和最初的设计，新加的建筑（民宿的公共配套，包括餐饮和后勤服务）避让树木，进而环绕树木形成一个个独立又串联的院落。房、院、人、树之间形成一种正负、看与被看的关系。

"无水不成园"，水可以为空间带来灵气，也可以有效改善小环境的温度和湿度，但北方的冬季寒冷，水景观的处理是个难题。柿园的水景是一片浅水池，大约30厘米深，用金属板围边，夏天它是一面静水池，冬天可以放空，铺上沙子变身游戏场地。水景中的树是场地中原有的，水池在这里被掏空，形成两个圆洞，树木从其间伸出，互不干扰，又彼此成就对方。

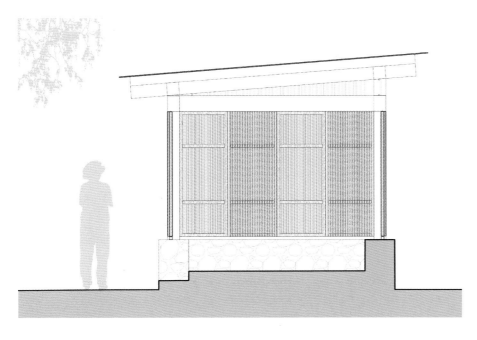

观景亭立面图

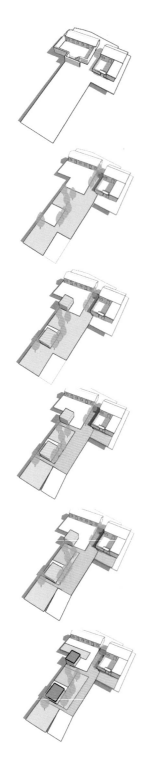

在水池的两端新建了两处亭子，它们为居住者提供了半户外的使用空间，同时也成为空间中的对景和控制点。亭子并没有简单地套用传统官式形制，而是力求当代性和地域性。亭子使用单坡顶，传统垒石工艺的基座配以木格栅中轴的窗扇，没有古的形式，但有乡野味道。院墙的处理也采用地域传统工艺，垒石和木栅栏。新垒石和老民居墙体的老垒石，以及原来院墙的虎皮石（垒石加水泥勾缝做法）形成了一种传统工艺的时空对话。

建筑背后的山脚下的空地也被整理出来，成为民宿的后院：草地、楸树和秋千，私密、惬意。

体块生成过程图

6. 茶亭建造方式采用地方传统建造工艺（垒石和木作）
7. 客房前具有东方色彩的庭院
8. 保留原建筑外立面，在入口处利用钢构件形成灰空间
9. 从水池看茶亭

8

9

### 新老对话——乡村生活的当代休现

场地内保留有原始石砌民居两栋，为近年居民自发新建，比村内传统建筑空间更大，空间布局符合村民自住的格局，建筑师从民宿运营的角度对空间布局及流线进行了重新规划。将原有的两栋建筑划分为四个独立的民宿套间，每套套间内均设一个大床及加床，能够满足"亲子民宿"的功能定位。

建筑师并没有刻意保留原有民居灶台、火炕等元素；相反，强化了民宿的公共活动空间，增大了起居室（客厅）的面积，增加了独立的卫生间，并将起居室与休息空间巧妙串联。原有民居外观被完整保留，仅仅在入口增加钢制雨篷及休息座椅，满足新的使用功能要求。

室内环境设计在强调舒适性的基础上，强调了新旧对比和乡土性。总体空间材质以白色的拉毛墙面、灰色水磨石地面及橡木家具为主，简单、舒适的室内空间与古朴的外部环境形成反差。

在软装陈设上，设计师选取柿子红作为主要色彩基调，呼应了"柿园"的项目主题，红色作为民间喜爱的颜色也带有吉祥、喜庆的意味，为原本素雅的空间带来跳跃的气氛。在家具的选择上，设计师在当地收集了大量的本土旧家具，例如旧桌椅、板凳、顶箱柜等物件，运用到空间布置中，增加了民宿空间与本土文化的连接，体现了"乡土民宿"的主题定位。

10. 客房 A 室内，刻意保留的石墙与老家具，传达了时间感和地域信息
11. 客房室内
12. 室内局部
13. 夜色下的庭院
14. 柿园标志

13

14

### 项目的意义所在

　　"柿园"作为当地政府为主导的民宿试点,为当地乡村建设提供了一个新的视角,即建设态度从"我要什么,我就怎么做",转变为"你要什么,我就怎么做",这是在乡村旅游发展道路上的重要转变;在项目建成后引来了不少人来王家疃流转破损农舍进行修复和改造作为自住或经营用途,为王家疃村带来了新的居民。在乡村旅游产业的带动下,曾经破败的农舍正在被一间间修复,曾经破败的乡村正逐步重新展现生机。

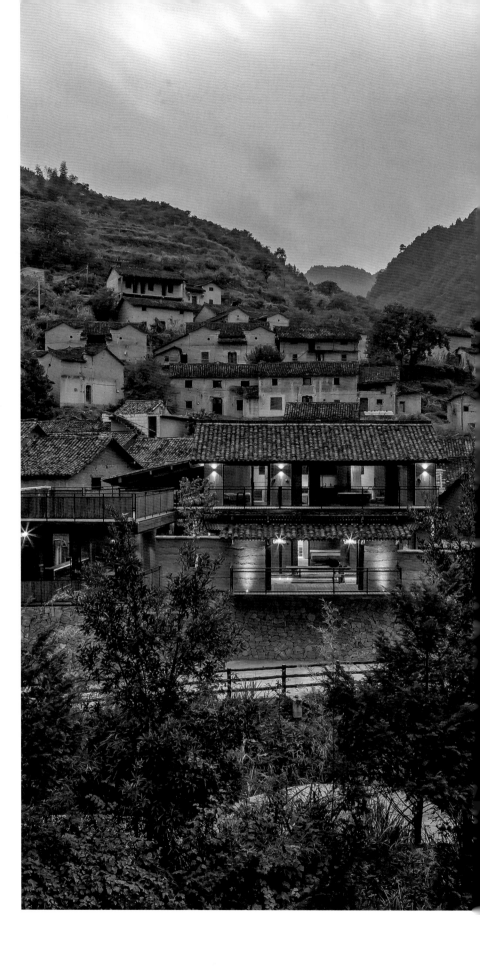

# 清啸山居民宿

用民宿传承山村记忆

项目地点
浙江省金华市武义柳城镇梁家山村
项目面积
320平方米
设计公司
尌林建筑设计事务所
主创建筑师
陈林
设计团队
刘东英 / 时伟权 / 陈伊妮
摄影
赵奕龙 / 尌林建筑设计事务所

1. 从溪对岸看建筑正面
2. 民宿背靠整个村落和大山
3. 俯瞰民宿与村落的关系

## 项目背景

　　项目基地位于浙江省金华市武义县梁家山村，村中建筑依山而建，大部分建筑都由木结构夯土墙构成，一条小溪穿流于村落，溪边古树尚存。清啸山居坐落于村庄古树旁的小溪边，小溪对岸是梯田和环山，民宿背靠整个村落和大山，是理想中的隐居之所。场地原址有一栋三开间两层高的夯土房和一个小公厕，夯土房墙面已经大面积开裂，墙体倾斜外扩，综合考虑各方面因素，设计师决定将其拆除重建。

6　　1.村道　3.溪流　5.山林
　　　2.村落　4.水库　6.梯田

建筑区位图

轴测图

4. 屋顶层叠交错的村落
5. 云雾从山坳里飘上来
6. 建筑东面入口夜景

**勾连场地关系**

  场地上原建筑体块的分布呈围合状，一栋三开间的夯土主房，旁边分布三个小辅房，还有一个公厕，都坐落在一个约两米高的石坎台基上，与旁边的道路和小溪呈阶梯状关系，边界呈锯齿状，场地原建筑主房入口在建筑的背面，由北面一条小弄堂进入。

　　站在场地对面的山坡上，能看到整个村子的全貌，项目场地位于河边最显眼的地方，在这个位置设计一个民宿，应该要完全融入原村落的整体肌理和空间组织关系中。在建筑方案中延续建筑体块的内向型组织关系，保持原有组团的体块轴线关系，重新梳理建筑边界，延续和强化建筑在台基上的基地关系，重新组织村落肌理、组团空间、建筑形态、台基、巷道、小溪、梯田、环山之间的勾连关系。

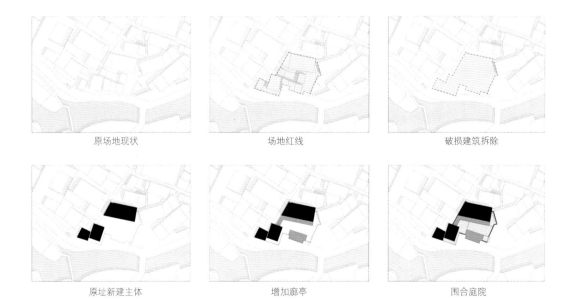

| 原场地现状 | 场地红线 | 破损建筑拆除 |
| --- | --- | --- |
| 原址新建主体 | 增加廊亭 | 围合庭院 |

方案推演过程图

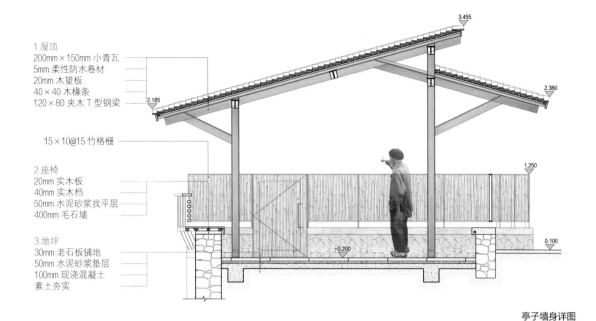

1 屋顶
200mm×150mm 小青瓦
5mm 柔性防水卷材
20mm 木望板
40×40 木椽条
120×80 夹木 T 型钢梁

15×10@15 竹格栅

2 座椅
20mm 实木板
40mm 实木档
50mm 水泥砂浆找平层
400mm 毛石墙

3 地坪
30mm 老石板铺地
50mm 水泥砂浆垫层
100mm 现浇混凝土
素土夯实

3.455

2.185

2.380

1.250

0.100

-0.200

亭子墙身详图

## 乡村在地性

在村落中行走，随着地形的高低变化，民居的体量大小变化，方向的偏转，屋顶的边界关系呈现出来一种错落有致、变化无穷的状态。这种状态希望在设计中呈现出来，以呼应当地建筑屋顶形态的变化关系，所以建筑的体量被打散分解重构，屋顶方向斜度变化，形成与原有村落民居和谐的屋檐关系和体量关系。

7

7. 屋顶层层叠交错的村落
8. 建筑东面入口夜景
9. 锯齿状的建筑形态与村道的关系
10. 入口场景

8

9

10

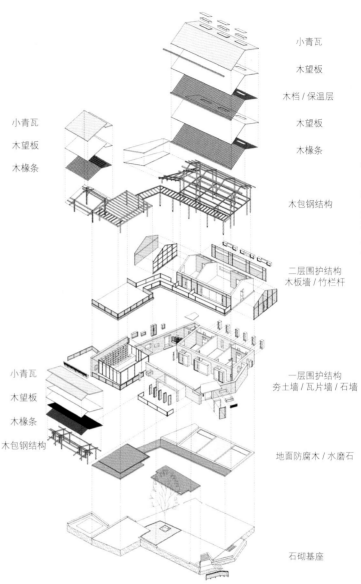

小青瓦

木望板

木档 / 保温层

木望板

木椽条

木包钢结构

二层围护结构
木板墙 / 竹栏杆

一层围护结构
夯土墙 / 瓦片墙 / 石墙

地面防腐木 / 水磨石

石砌基座

小青瓦
木望板
木椽条

小青瓦
木望板
木椽条
木包钢结构

**结构分解示意图**

　　村子房屋基本都是依山而建，而且多为夯土房，怕潮湿和水，自然形成很多阶梯状台地，房屋都造在一个个石砌台地上。基地处原建筑也是建造在一个石砌台地之上，台基下方是一条沿溪村道，溪流与村道又有比较大的高差，所以场地处就形成了多层级、高差大的阶梯状台地关系。建筑的主入口设置从下面村道处进入，便出现了入口处的三次转折来消化地形的高差关系，一段为石板铺设的坡道，上坡道后一条路经顺势通往邻家，一条折回，几个石条踏步进入建筑入口处，进门后，转向又行几个踏步进入庭院，入口处有一种婉转上山的体验，也是台地高差所带来的路径变化，这种体验也延续了在古村中的行走体验。

现场建造场景

　　乡村营造存在特有的限制性因素，包括交通不便、资源匮乏等。在建筑材料运用上，利用在地化的材料变成一种建造策略，村落中回收的小青瓦、原建筑夯土墙体材料、当地的毛石砌块、竹子、老石板、回收老木板，水磨石，都是一些在地化的材料，方便就地取材，回收利用，再生环保。

建造过程

1. 接待中心　3. 巷道　5. 溪流
2. 村道　4. 古树群　6. 古桥

总平面图

11. 夯土转角处设计细节

在建造工法上，遵循当地的一些传统建造工艺，建筑主体的墙体材料回收利用原夯土房上拆除下来的土料，拆除后堆放在建筑旁边空地，民宿建造时将其重新夯筑作为墙体，一方面节约材料的采购和运输成本，另一方面夯土材料可回收再利用的特性被充分体现。延续乡村记忆和建造工法，是对乡村匠人智慧的尊重和传统建造技艺的传承，也是提倡一种再生循环和在地化的乡村营造理念。

传统民居夯土转角保护研究

建造的过程中，设计师们要求用当地的匠人参与建造，干一天活给一天钱，他们会用匠人精神把活干好，每天做多少算多少，做完工地的活就回家干农活了，不指望着赚多少钱，这样才能把活干好。看乡村匠人干活能感受到什么是真实建造，砌石头墙每块石头都要挑过，顺应其形态择其位置，下大上小，自下而上，真实的受力关系和建造逻辑，同时保留手工建造的痕迹和时间的印记，强调建造的真实性。

建筑结构用的是施工比较方便的钢木结构，其结构逻辑与村落中传统建筑的构成逻辑相似，结构与外围护墙体体系脱开，用连接点将结构与外墙体连接。

1 屋顶

200mm × 150mm 小青瓦
30×30 挂瓦条
3mmSBS 防水卷材
20mm 木望板
30mm 木龙骨空腔
20@600 龙骨空腔走管线
20mm 木顶板
40×40@120 木椽

2 阳台

20mm 防腐木地板
40×30 木龙骨
3mm 柔性防水涂料
80mm 现浇混凝土楼板
30mm 压型钢板
120×60×8 工字钢梁
40×40 木龙骨
12mm 老木板吊顶

3 走廊

20mm 菠萝格室外地板
40×30 木龙骨
100mm 现浇混凝土
素土夯实

走廊墙身详图

## 如何将自然引入建筑中

　　站在场地中，映入眼帘的便是溪对岸的梯田古树和环山，将自然景观引入建筑空间中变成一个重要元素，民宿所有的客房大开窗面都面对梯田和山景，最大限度地把山景映入室内空间。望山亭是专门为了看山而设置的喝茶休闲空间，穿插在内庭院和小溪之间，故意将屋檐口压得很低，站在内院视线是被屋檐高度控制往下看梯田和小溪，当你静坐在亭下便环山入目。

13

水吧作为民宿里面的公共空间，可以对外开放，是一个比较扁平的空间，外立面用竹格栅疏密布置，分上中下三段，水吧三个界面的视线明暗形成横向连续的画面关系，类似一张古画卷轴，古树在横向的卷轴中变成了画的一部分，卷轴连续地展现了村落巷道、连廊、水院、梯田、古树这些场景，希望用这种视角将人工和自然关联起来。水吧上面的屋顶平台集合了听水看溪、望山、观屋、赏树的所有视角，上楼梯步入平台，视线豁然开朗，建筑与村落环境的关系一下子被放开。

12. 观山亭连接内庭院与外部景观
13. 观山亭与内庭院场景
14. 从休闲水吧室内看到小溪对岸的古树
15. 休闲水吧室内场景
16. 立面格栅倒影在水面上

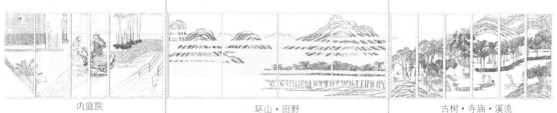

内庭院　　　　　　　环山·田野　　　　　　　古树·寺庙·溪流

横向连续的卷轴视线观景概念

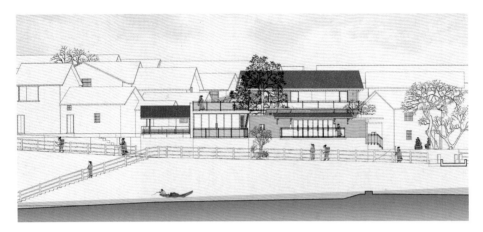

南立面图

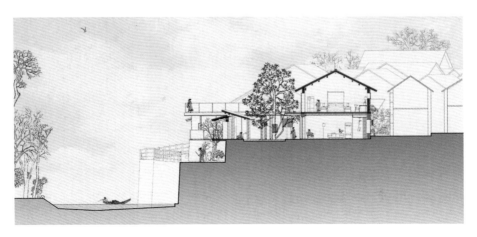

南北向剖面图

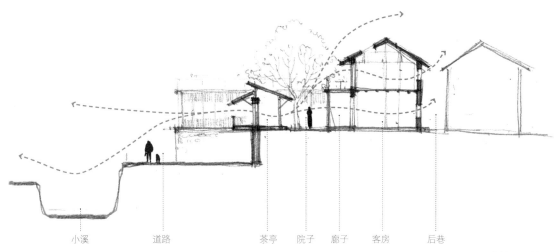

小溪　　道路　　　茶亭　院子　廊子　客房　后巷

自然通风分析图

### 风穿过院子，微气候循环

夏天的一个中午，外面的温度很高，在其他的房子里也感觉特别热，设计师从村子里走入民宿体感温度一下子就降了下来。廊子里，能感觉到对流的风从中穿过，即使站在有太阳的院子里也感觉不到热，室内就更加凉爽了。在建筑设计之初就考虑了其通风采光、保温隔热各方面的性能，建筑的体量上沿着地形关系呈阶梯状，在外围墙体上开了很多通风和视线穿透的小窗洞，空气顺着这样的空间形态产生自然风的流动，同时建筑材料也缓解热量吸收，再加上旁边小溪的水面和古树绿荫更加强了建筑的微气候循环。

17. 二层客房室内场景
18. 楼梯处廊道、屋顶、瓦墙的空间关系

18

## 建筑将公共性还给村民

  场地上原来有一个小的公厕，是属于村民集体使用的公共空间，在建造民宿的时候希望把这部分公共空间再还给村民。位置在巷道的端头，旁边是古树和小溪，设计师们把这个位置做成了一个半开放的亭子，对着村里的古树和小溪，村民们闲来无事的时候可以坐在这边闲聊。亭子还有另外一个功能，傍晚亭子的灯光亮起来，便像是一盏灯笼，为村民们照亮回家的路。

19. 贯穿庭院、观山亭、道路、小溪的空间场
20. 雨天走在亭子下面

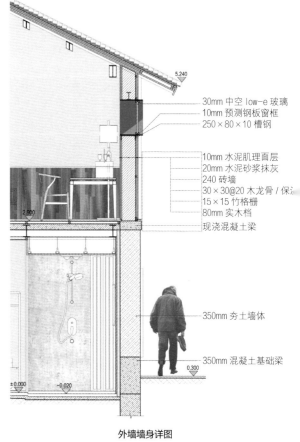

30mm 中空 low-e 玻璃
10mm 预测钢板窗框
250×80×10 槽钢

10mm 水泥肌理面层
20mm 水泥砂浆抹灰
240 砖墙
30×30@20 木龙骨 / 保温
15×15 竹格栅
80mm 实木档
现浇混凝土梁

350mm 夯土墙体

350mm 混凝土基础梁

外墙墙身详图

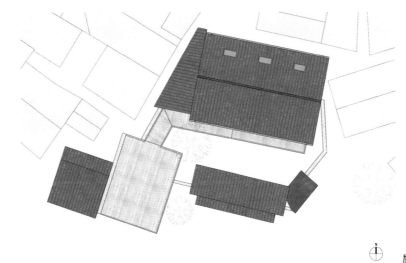

屋顶平面图

13. 套房
14. 阳台
15. 客房
16. 平台

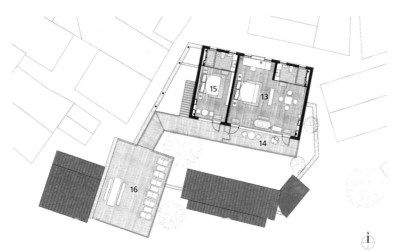

二层平面图

1. 主入口
2. 入口玄关
3. 亭榭台
4. 客房
5. 水吧
6. 凉亭
7. 公共卫生间
8. 廊道
9. 次入口
10. 内庭院
11. 侧庭院
12. 浅水院

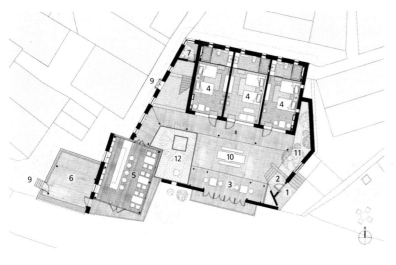

首层平面图

# 虎峰山·寺下山隐民宿

隐于林海之中的多功能民宿空间

**项目地点**
重庆市沙坪坝区
**项目面积**
800 平方米
**设计公司**
悦集建筑设计事务所
**主创建筑师**
田琦 / 李骏
**设计团队**
胥向东 / 钟祁序 / 袁文光 / 王月冬
陈卫 / 张湘苹 / 王世达 / 李飞扬
**摄影**
刘国畅 / 凌子

1. 入口处的游客接待驿站
2. 建筑外观

## 项目背景

项目坐落在重庆市沙坪坝区曾家镇虎峰山村，傍百年步道而建，隐于林海之中。沿步道拾级而上，又可见始建于北宋乾德年间虎峰寺（川主庙）遗址埋没在山顶的荒草丛中，只剩几座百年残佛记录着岁月起落更迭，故将项目名为"寺下山隐"。

随着这些年虎峰山村所处的重庆大学城的逐步发展，为距离大学城核心区仅 20 余分钟车程的虎峰山增添了浓郁的艺术气息。来自川美、重师、重庆大学等高校的艺术家纷纷"落户"虎峰村，开设了工作室、画廊、美术馆民宿和茶舍。

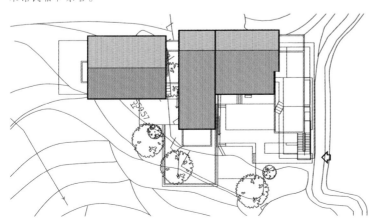

总平面图

3

## 传承与新生

　　建筑的更新与介入带来了新旧关系的思考与重塑。民宿的基址,是一座残破废弃的夯土老房围合而成的三合院。为了传承这西南地区特有的山地乡村的文脉与肌理,新建的建筑也通过控制体量的尺度与围合还原了基址过去的院落空间。另一处的处理也表达出了对原有场地的尊重:场地所处的标高与上部的公路,垂直海拔相差约 50 米,但无论是设计师还是民宿主均坚持不去修通公路,仅靠一条一米多宽的陡峭石板步道作为交通连接。游人们踏着青石板,伴着清风拂过竹林的声响,路过一湖碧水后望见路边那片拙朴的夯土老墙,便晓得了寺下山隐就在眼前。如同经历了一场自然的精神洗礼,使抵达的过程充满了仪式感。

3. 下部为夯土墙,上方为玻璃体块,二者形成对比
4. 夯土墙上加建钢结构遮蔽雨水以防侵蚀
5. 玻璃体块内为餐厅
6-8. 修建前

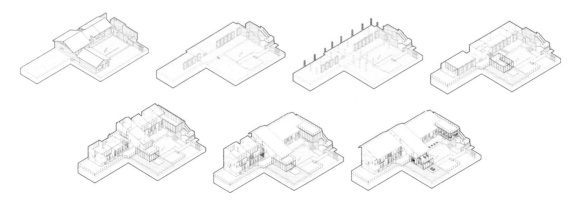

形态生成分析图

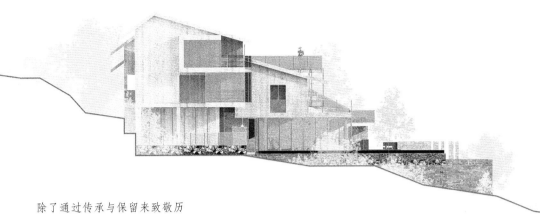

除了通过传承与保留来致敬历史外，更重要的是思考如何激活并使之得以新生。设计师通过与民宿主的协商，决定牺牲掉一部分的底层面积，从而保留下三合院沿步道一侧的夯土老墙。防水是保护土墙的关键，为遮蔽雨水以防侵蚀，架空在老夯土墙之上，新建了满足休闲茶饮同时视野开阔具备观景功能的侧翼体量，在材料上则主要采用极具现代感的钢结构和玻璃，与下方传统夯土质感形成强烈的对比。闲坐其中，抬头将山林云海一览无余，低头看到老夯土墙的遗迹，演绎出一场现代与传统的对话。另外，非遗展厅、餐厅等底层公共空间的围合结构，大部采用新工艺下改进的夯土形式，活化了乡土建造的传统，既是对老夯土墙的呼应，亦是为其注入了新的生命力。漫步于三合院之间，行走并不断深入建筑的过程中，从入口的老夯土墙，到主体建筑的素混凝土，再到角落出挑的钢结构楼梯，无不隐藏着建造材料从传统向现代、从旧到新逐渐过渡的巧妙逻辑，能够感受到设计师对这片场地新旧关系的回应与阐释，这片夯土老房在此刻仿佛得到了"重生"。

9

## "隐"与"野"

　　民宿主对纯粹的山居生活充满着憧憬与执着，并希望为久在城市喧嚣中的人们提供一方与浮躁过去和解、重回大地山林环抱的平和之地，设计师则出于对场地自然现状的尊重，根据自然造形赋势，将"山""隐"二字化作建筑的灵魂。通过前期的现场勘测，定位了场地内所有的大树，不仅全部被保留，甚至为了树的位置几次调整建筑或景观的布局。另外，一系列的景观露台，长短坡屋顶依据山势走向、景观、视野的不同而进行高度与进退关系的调整，给予不同层次不同的视觉体验，实现最大化的景观利用。或攀上最高的露台，远眺虎峰大地，林海茫茫，雾气朦胧，一方碧水半隐半现其中；或闲坐无边水池旁，端详水中倒影，香樟为邻，春风拂面，几片陨叶悠然下落。场地原生的自然与景观的需求通过设计巧妙地达到了平衡。

9. 乡间书屋与无边水池
10. 项目保留基地中的树木，
新老材料形成对比
11. 乡间书屋与无边水池
12. 项目保留基地中的树木，
新老材料形成对比

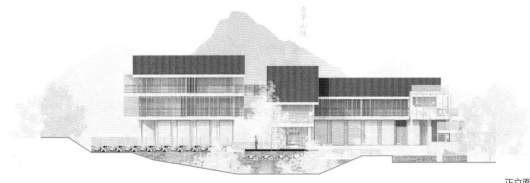

正立面图

13. 西院的三层客房
14. 客房间的楼梯
15. 树影斑驳的一米阳台
16. 透过土墙缝隙望向内院
17-18. 风格各异的客房内部
19-21. 客房细部

剖面图 1

17

20

　　客房的风格上，也带着几分"野"的气息。虽然只有八间，但每间房依据不同的主题有不同的定位和装饰风格搭配，有些桌椅摆设甚至来自于业主在附近乡村"拾荒"所得，经过随性自然的布置，更添几分"野"味。房间均朝东，落地玻璃让透过山林的晨光肆意挥洒入屋，同时保证了良好的景观视野。室内的秋千，屋顶花园，可望到窗外虎峰山顶的泡池，树影斑驳白墙中的一米阳台……这些细微的设计赋予了每间客房独一无二的个性与风格，但又有一个共同点——拙朴素雅。

18

19

21

剖面图 2

## 乡土建造中的民间智慧

　　乡土建造自然饱含着民间的智慧。在不通公路的条件下，复杂的地形条件使建筑材料的输送受到了很大的限制，为解决土建材料的搬运问题，经过实地踏勘、反复选点和商议，施工队在虎峰寺遗址下公路边的一处方便卸货的场地旁，用镀锌铁皮敲打出一个滑槽，连接公路与靠近场地稍微平缓的地方，再通过一条可以用手推车运输的便道将建材运至工地。然而在后期装修中，如玻璃、家具、洁具等易损物件，还是只能依靠肩扛手抬的最原始的方式。建造的艰辛始终贯穿着项目修建的整个过程，但面对不同时期的不同困难，民宿主、设计师和施工队总能积极应对，虽然施工周期持续近两年，但完工的那一刻，各自的满足与欣慰又是普通项目所无法比拟的。

22-23. 镀锌铁皮敲打出的施工滑槽与建造过程
24. 被用作用餐空间的屋顶露台

　　"残墙倚古寺，曲径通幽谷。柴门闻犬吠，琴棋奏和声。开门见山月，心隐淀归尘。辞岁新万物，常聚善缘人。"这是当今时代的快节奏的城市生活与工作模式下人们所向往的"乌托邦"。在这样的背景下，寺下山隐的思考与创作可以算作一个较为成功的尝试。但这不仅仅是为满足人们逃避现世而创造的伊甸园，设计师以谦逊的姿态面对场地与自然，立足于建筑的开放性与公益性，将山居中的隐逸与野性发挥淋漓，亦不乏温度与灵魂兼并的人文关怀，在近年来掀起的民宿文化热潮中，为其增加了别样的态度和可持续的生命力。

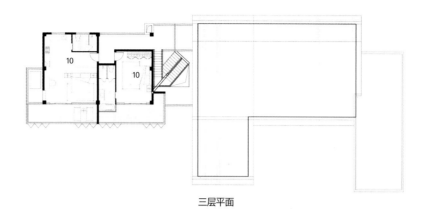

三层平面

1. 接待厅（非遗展厅）
2. 水上书屋
3. 餐厅
4. 厨房
5. 储藏间
6. 卫生间
7. 员工宿舍
8. 茶室（咖啡厅）
9. 户外范围
10. 客房
11. 水上平台

二层平面

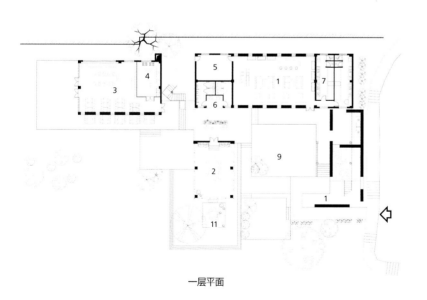

一层平面

# 窗之家民宿

透过窗户了解莫干山

**项目地点**
浙江省湖州市德清县莫干山
**项目面积**
375 平方米
**设计公司**
普罗建筑
**主创建筑师**
刘敏杰 / 李汶翰 / 常可
**设计团队**
王珂一 / 王吴 / 朱孝珺 / 郭菁儿 / 朱进文
**摄影**
吴清山

1. 入口处建筑全貌
2. 飘窗尽量水平延展，最大化引入远山的景观

### 序幕：窗之家——展开的画卷之匣

莫干山作为长三角地区著名的度假区，坐落着数不清的民宿酒店。如何再设计一所"新"的民宿酒店，可能是所有设计师面临的共性问题。刚好，这也是普罗建筑的设计师们一直思考的问题。在满足度假舒适性需求的基础上，一个民宿能否与过度的消费性装饰欲望保持一点距离，更多回归到对建筑与环境本质关系的探讨上，可能是激发下一个"新"的设计概念的启发点。在这样的背景和思考语境下，设计师们探讨了一个建筑最普通也最本质的构件——窗。

通过 30 多扇各自不同的"窗"，以及窗内外的风景与生活，设计师建构了一个回归到简单逻辑的方盒子建筑。人与大自然的关系也通过在"窗口"的行为产生了更本质的连接，一所"窗之家"就这么诞生了。

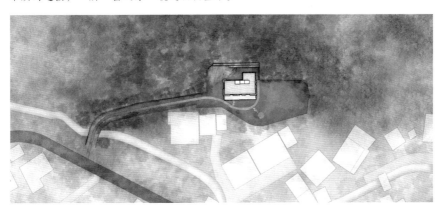

总平面图

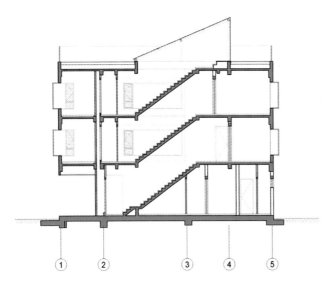

剖面图

3

## 第一重：竹之窗

    建筑基地特殊的位置使得进入建筑的过程被拉长了。从庾村广场步行而来的时候，白色的建筑仿佛漂浮在竹林之中，远远地被人看到。而当你慢慢走近，建筑却消失了。当人们走到山脚下，白房子又在某个角度从前面的邻居中间露了个头。通过长长的山路慢慢接近建筑，两侧的竹子又将建筑藏在了后面。只有到山路尽头、竹林结束的地方，通过两扇竹门，建筑才豁然开朗地展现在人们面前。这也成了设计师们为场地设计的第一重"窗户"，被称为竹之窗。

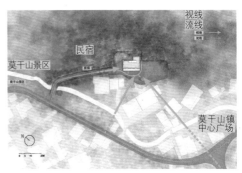

视线分析图

## 第二重：推拉之窗

　　设计师们将主体建筑放在挖山的缺口中，尽量靠近挡土墙布置，和邻居拉开一定距离，也为前场留出足够的空间。由于莫干山极为严苛的投影面积计算方法杜绝了绝大多数形体游戏，因此建筑的形体极为简单明了。建筑整体呈L形，环抱着基地上挖山过程中挖不掉的大石布置。建筑置于一个基座之上，被稍稍抬高，使得建筑中人的视线可以避开纷扰的周边建筑。基座之上，一层设置前台、早餐厅和厨房等后勤空间。建筑采用中间大跨、两侧悬挑，力求减少建筑首层面向景观方向的支撑构件，使得主要建筑形体仿佛是从地面上漂浮起来一般。大跨处采用六扇平行推拉门，完全打开时一层仿佛也成为了室外空间的一部分，最大程度上解放底层的公共空间。推拉门正对着远处连绵的山峰，多少也有一些"开门见山"的趣味。靠近入口形成内退的灰空间，暗示入口，邀请人们进入。建筑后侧的转角悬挑，设置无框落地玻璃窗，在建筑内部形成一个视野开阔的休息角。

3. 入口处建筑一瞥
4. 建筑前院
5. 入口形成内退的灰空间，暗示入口
6. 六扇推拉门完全打开，模糊了室内外的边界

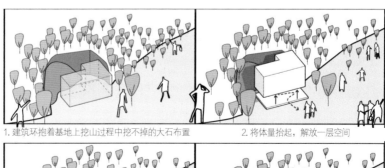

1. 建筑环抱着基地上挖山过程中挖不掉的大石布置　　2. 将体量抬起，解放一层空间

概念生成图

3. 设置不同的窗户将景色引入室内　　4. 最终呈现

### 第三重：画卷之窗

　　二、三层设置八间大小不一的客房。包括标准间、迷你榻榻米间和套房。二三层房间以飘窗为最主要的特征。设计师们在飘窗的垂直方向上做了一定的控制。低窗台做到可以坐卧的高度，遮蔽了下方杂乱的屋顶。窗的顶部略微压低，当人进入房间的时候，见到的只是一片绿色，并不能看见远山的全景，只有走到窗边或者躺到床上的时候，最完整的画卷才会完全展现在人们的眼前。在中间的房间，飘窗形成了精致的取景框，过滤掉周围的杂乱，只留下远山入画。而在转角的房间，设计师们尽量使得飘窗水平延展，最大化引入远山的景观，强化了一种非日常的体验。

飘窗展开画卷

7. 只有走到窗边或者躺到床上的时候，最完整的画卷才会完全展现在人们的眼前
8. 开门见山
9. 套房全景
10. 飘窗形成了精致的取景框

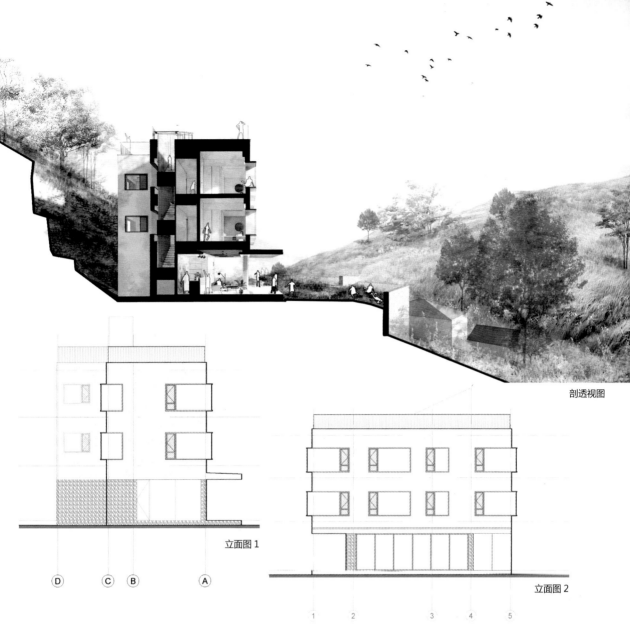

剖透视图

立面图 1

Ⓓ Ⓒ Ⓑ Ⓐ

立面图 2

1　2　3　4　5

10

11. 出屋面的楼梯间
12. 南侧建筑全景
13-14. 卫生间
15. 卫生间干区

**最后一重：向天空之窗**

  拾级而上，空间逐渐达到了高潮。屋顶露台仿佛是朝向天
空的窗子，提供了360度的全景。近处的房子全都看不见了，
远山尽收眼底。平日里作为野餐或是运动的所在，而到了晚间，
又成为颇受欢迎的纳凉、露营和观星的场所。

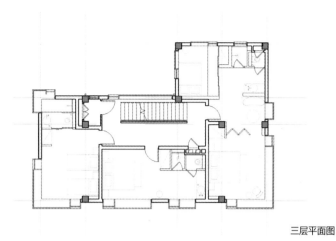

三层平面图

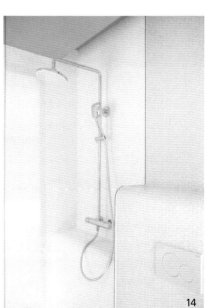

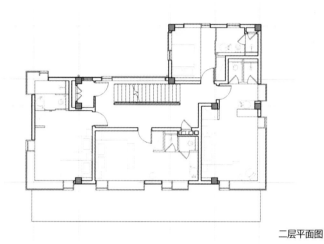

二层平面图

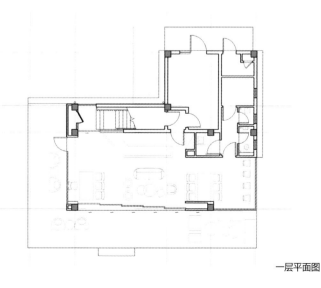

一层平面图

**设计师寄语**

　　今日乡村民宿的本质，大体是繁忙的都市人短暂逃离的寄托，故而也往往难以逃脱对于假想的田园牧歌的刻奇式的想象。然而非如此不可吗？我们无意在乡村场景中创造宇宙飞船式从天而降的观感，而仅仅是自觉地和典型"乡建"保持一定距离的情况下，创造一个日常化的中介。所以也有了我们这次的窗之家实验，人和风景在窗前不期而遇，得到一些非日常的体验。莫干山这一个小小的民宿，从设计开始到大体完工前前后后历经了近一年半的时间，遇到了各种各样的困难，留下许多遗憾。但它最终还是矗立在莫干山优美的自然环境和略微拥挤的环境之中，给城市中忙碌的人们提供了一个稍稍歇口气的地方。

16. 西侧建筑全貌
17. 飘窗
18. 位置鸟瞰
19. 竹林结束的地方，通过两扇竹门，建筑才豁然开朗地展现在人们面前

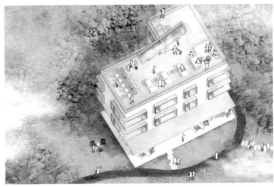

屋顶布置图

三层布置图

二层布置图

一层布置图

# 黄山山语民宿

建筑与空间边界的二次塑造

**项目地点**
安徽省黄山市汤口镇
**项目面积**
1290 平方米
**设计公司**
静谧设计研究室 qpdro
**主创建筑师**
林世明 / 李霞
**平面设计**
周洪设计研究室
**标识制作**
良良广告
**摄影**
稳摄影

1. 建筑入口围墙
2. 建筑外观远景

## 项目改造背景

汤口镇距离黄山南大门 1 公里处，是黄山的主要生活服务基地和旅游接待基地。设计师们改造的项目不在镇子中心地带，而是位于冈村小岭下 1 号。原建筑是一幢典型的老式景区酒店，建筑在整个沿路建筑群的最西侧，东南侧是冈村路，视野开阔，建筑西南向面山，山下有一条溪流。原建筑东南立面庭院地块呈三角形，整个建筑的场地边界模糊。

作为沿路建筑群的一部分，建筑边界除了受到道路走向的影响外，还有一部分边界的形成来自周边自然景观的相互挤压。在建筑庭院外面是由北向南下坡的乡道，停车场用地在乡道的另一侧，在初期测量阶段，由于地面是硬化坡面，高差的问题很容易被忽略掉，实际上建筑室内地面与乡道的相对高差接近 1.5 米，这个相对高差对于建筑空间的二次塑造很重要。

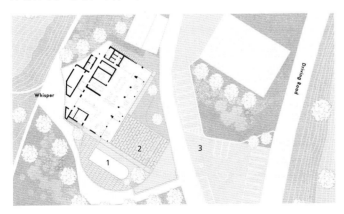

1. 游泳池
2. 户外庭院
3. 停车场

**场地总平面图**

3. 从公路看向建筑
4. 从庭院透过落地玻璃墙看向一楼空间

## 建筑空间的重塑

　　原本的建筑内部空间虽然是以住宿来规划的，但是过于单一的户型和高密度的房间数量导致房间的采光不佳，卫生间面积也很紧凑，已经不能满足当下人们的住宿要求。在建筑外立面部分，首先要剔除的是拼贴元素，包括阳台的琉璃瓦装饰部件和顶楼的长城墙造型扶手，以及巨大的酒店门头部分，去掉这些拼贴元素而回归空间的表达。另外是对室内外关系的整体梳理，其实建筑空间的重塑才是最好的表达。

1. 吧台
2. 等待区
3. 茶室
4. 走廊
5. 双人间
6. 大套房
7. 多功能厅

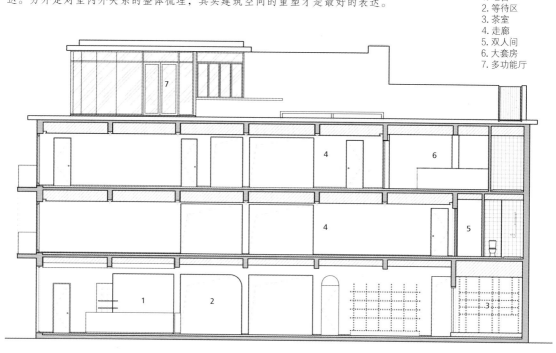

剖面图 1

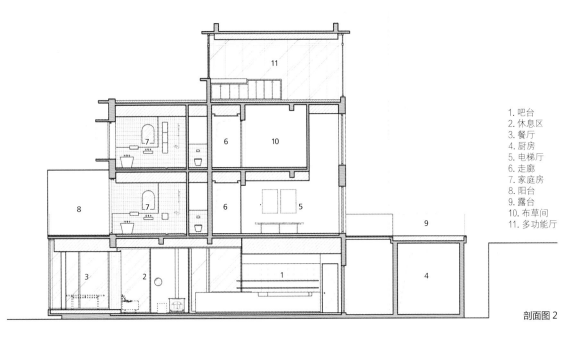

1. 吧台
2. 休息区
3. 餐厅
4. 厨房
5. 电梯厅
6. 走廊
7. 家庭房
8. 阳台
9. 露台
10. 布草间
11. 多功能厅

剖面图2

如何实现可控的边界，是这次改造设计过程中一直被反复探讨的问题。在总平面功能布置设计中，有一个绕不开的部分就是呈三角形的庭院，三角形的庭院导致不管在庭院还是在室内往实体边界外看的时候总是有一个夹角形成的区域。设计师们采取的设计思路是弱化三角区域的视觉存在感。首先将庭院的入门设计在与建筑平行的切线上，让三角区域的部分被压缩到最小的状态也是高差处理最低矮的部分，另外引入一个半圆的弧线和建筑的平行切线形成一个整体，后期建造的现浇混凝土围墙以镶嵌的方式置入场地，与两侧原有的围墙衔接。围墙作为一种边界的实体，设计师们希望与建筑相比呈现一种低矮的状态。为了让停车场与建筑主体保持更多联系，设计师预留了一部分格栅方孔隔墙，材质同现浇的围墙一样，在强化边界的同时保证视觉外延。

**整体改造过程**

　　建筑立面和室内使用空间进行了二次塑造。建筑一层作为整个民宿最重要的公共区域，承载入住接待、用餐、交流以及后勤的部分，二层、三层为主要客房区域，顶楼除了多功能厅还有复式二层卧室和独立露台，13个客房涵盖不同房型。

　　建筑立面原来的门廊被改造成抬高的用餐区域，门廊完全消失将它变成建筑体块中的一部分，增加三楼的飘窗，让建筑立面摆脱原本的扁平化。拓展房间户外部分，让室内有更多的采光和视觉延伸。主入户门被放置在靠近庭院院门的垂直视线上。由于相对高差较大，在庭院门与室内空间设计了一条无障碍的坡道，庭院被拆分成三个高度，泳池和室内地坪处在最高的平台上，庭院入户是第一个独立的高度平台，第二个高度是庭院的石板硬化面。在动线设计中，除了功能型流线以外还有建筑中隐形的游走路线，你可以选择快速到达的路线，也可以尝试选择弧形楼梯和外挑楼梯的结合路线。游走在建筑中看到的局部，以视觉的方式在记忆中形成一个相对完整的碎片整体。

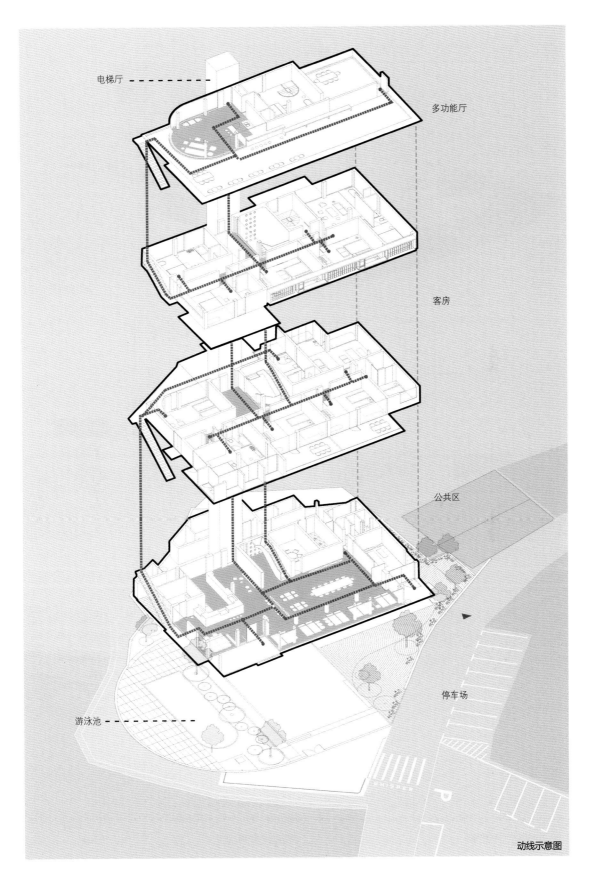

电梯厅

多功能厅

客房

公共区

停车场

游泳池

动线示意图

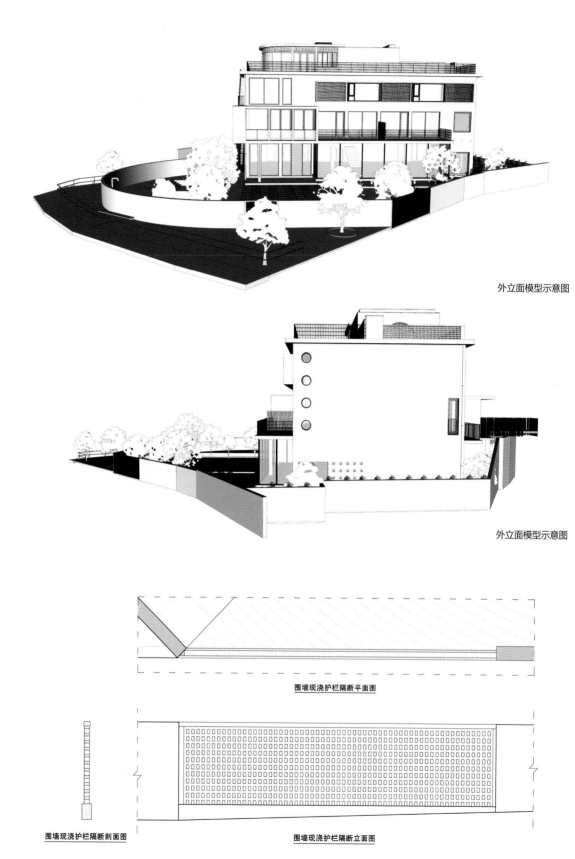

外立面模型示意图

外立面模型示意图

围墙现浇护栏隔断平面图

围墙现浇护栏隔断剖面图

围墙现浇护栏隔断立面图

围墙节点图

## 被抵消的边界

在整个项目空间的改造中，试图使用天井的植入达到不同程度上的空间交叠关系。在主建筑和辅助建筑中间设置了采光天井，让一楼的北向有大的进光量和空气对流。主楼梯天井的改造，原本的楼梯台阶在俯视的角度只预留了扶手的间距，通过一楼楼梯的重新浇筑和二楼、三楼楼梯的天井改造，实现贯通三层建筑高度的楼梯天井，某种程度上也是达到间隙空间的引导作用。另外，还有一个辅助的小天井，在二楼和三楼之间，增加空间趣味性的同时也可以为室内争取更多北向的采光面。复式二层的长条天窗采用全无框的处理，顶面进光方式总让人有一种神秘感。边界被适当地表现出来，那么内部就可以看作是它的领域。抵消也可以是开创的一部分。

8. 公共休息区
9. 公共区吧台

10

对事物的最初认识和相处方式都会被放大在自己的记忆中。在建筑构件和室内设计的部分都可以看到类似的处理方式，露台格栅的铁艺栏杆和现浇混凝土扶手；长条飘窗上窗户立面的竖向格栅；楼梯天井阵列圆形采光窗；方形格栅的茶室隔断和木门；顶楼窗户立面横向的方格分割。弧形元素最开始的使用是在围墙处理上，设计师希望放大弧形元素的使用范围，顶楼的多功能厅的弧形轮廓处理，可以把它想象成放置在屋顶的巨大玻璃储水箱；主楼梯天井边缘的弧形处理，以及复式房间的弧形楼梯，包括后期的视觉系统也带有弧形的元素。这个部分其实在室内材质的使用上也可以看到，它们不是单一出现在一个空间当中，而是用整体归纳的方式被使用——新旧茶园石的地面、磨砂U形玻璃隔断和茶、不同灰度肌理涂料、金属面等，虽然使用材质不多，但多形式和重复出现的方式，包括对应的材质在家具上的使用，都如同在记忆中放大了的样子。有相似性的同时存在差异，让各个部分的变化保持着一种关联性。

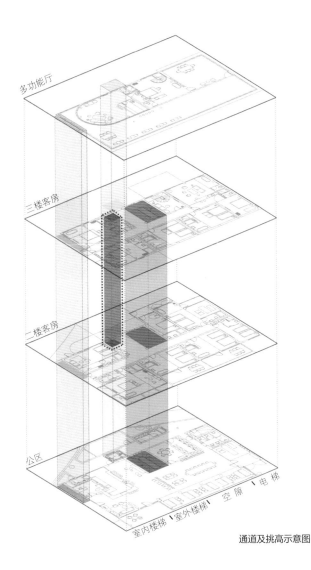

多功能厅

三楼客房

二楼客房

办公区

室内楼梯 室外楼梯 空隙 电梯

通道及挑高示意图

11

12

### 设计师寄语

　　塑造人与人有交流氛围的空间，设计师们所理解的地域性文化强调的并不是整齐划一的元素拼贴术，而应该是促进与在地的文化的交流和接触，包括生活器物的收藏，或者是当地食材和美食做法的追溯等。建筑与室内空间是被使用或者说是服务性空间，更符合当下居住要求的乡村产业改造也是必然的，项目改造本身就是打破关系和重塑关系的一种试探。

10. 弧形楼梯
11. 餐厅
12. 楼梯底部

# 乡根·东林渡民宿

打造原生态渔民村里的民宿新品牌

鄉根 東林渡

XIANG GEN FARM RESORT

**项目地点**
中国江苏省苏州市东林渡
**项目面积**
1500 平方米
**设计公司**
一本造建筑设计工作室
**设计团队**
艾松（艺术）/ 李豪（建筑）
**摄影**
康伟

1. 接待中心广场
2. 东林渡之春

## 自然环境

从苏州城出发，一路向南，奔向烟波浩渺的太湖。穿越逶迤的乡间小路，百年古村东林渡就坐落在这水道纵横的原乡田野之间。

"乡根·东林渡"是一个新的民宿品牌，业主委任设计团队进行民宿设计，并提出针对东林渡乡村产业营造的复合解决方案。项目基地位于东林渡村落的南侧，面向广袤的稻田，视野开阔。周边的民居新旧并存，既有朴拙的老房子，也有贴满白瓷砖的二层小楼。

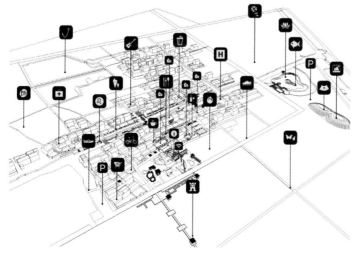

总平面概念

## 设计及建造过程

  对社会心理的把握影响了设计师对于民宿区的整体规划。接待中心原有的三层民宅和南侧的停车场被整合设计，修建了一座影壁墙，强调出乡根·东林渡民宿品牌的视觉核心，同时在空间中将停车广场分为两部分——内庭和外院，原先长驱直入的接待中心被安排在胡同深处的入口，经过胡同、入口内庭后，从建筑内部返回广场，将原来简单的室内外关系重新安排为四个一步一景的公共空间序列，形成了区别于原有东林渡核心的次中心。

1#/600 ㎡/1-3F

3#/120 ㎡/1-2F

4#/320 ㎡/1-2F

5#/230 ㎡/1F

7#/56 ㎡/1F

9#/66 ㎡/1F

11#/84 ㎡/1F

15#/81 ㎡/1F

总平面图

対东林渡的调研，也让设计师们看到了民宿基地破败表象下的巨大改造潜力。基地原址是几幢破旧的危房。设计师们尽量保留了这些朴素的结构，对民宿的功能再造也以实用性为主。青年旅社部分本身是一个南北前后紧密相连的两座单层民宿，中间只留有不到一米的缝隙。设计师将南侧建筑局部挖空，原本的厨房部分改在室外，遗留下来的老灶台改造为青年旅社的内院景观台，原有的不到一米的缝隙成为了半开放的景观内院。前厅布置着许多农具，打造成一面农具墙。餐厅里的地板，也由回收的老木头制成，细细打磨光滑。

3. 接待中心广场
4. 青年旅社改造前后
5. 接待中心广场改造前后
6. 乡根接待中心室内改造前后
7. 乡根接待中心内院改造前后
8. 乡根接待中心与内院

　　在与当地工匠的合作中，设计师们还开发出了一些独特的设计细节。东林渡作为一个原生态渔民村，河道内有许多废弃的挂网水泥船。他们打捞出了一艘六米长的水泥船，被打造为接待中心大厅内的壁炉，在纪念村落传统的同时，壁炉的保暖和除湿的功能融合在一起，形成独一无二的原创装置。而产生于苏州的"花码" 脱胎于中国的算筹，也是唯一还在被使用的算筹系统，现在还在旧式茶餐厅及中药房偶尔可见。独特的抽象形式被我们重新挖掘出来，用于每个院子的铺地纹样。至于和当地工匠亲手制作的香樟木书架、旧瓦片皂台、老门板打造的桌椅……更是在民宿中随处可见。

9-12. 乡根接待中心与内院
13-18. 修建过程照片花絮
19-21. 稻田与漂浮的庇护所

整个东林渡项目里，设计师们最为关注的还是对"睡眠"的思考。这是民宿的主要功能，也与东林渡宁静安逸的特质有关，在整个项目中一以贯之。为此，设计师们专门做了水上漂浮装置，并将睡眠从单纯的行为扩展为一系列的"仪式"。借助这个小小的临时性装置，设计师们将对睡眠与空间的思考深入了一步，也希望它能够成为一颗种子，在东林渡的土地上生根发芽，令这里成为一系列艺术项目的开始。

东林渡民宿改建项目中的脚手架被拆借过来，在民宿工作告一段落后，又继续为睡眠空间原型的探讨服务，二次搭建延伸了关于民宿的记忆。四个小帐篷悬浮在稻田之上，在高度带来的安全感与恐慌感之间寻找微妙的平衡。"门"开向内庭，获得群居中的安全感；"窗"面向稻田，仿佛又成了稻田中的孤岛。

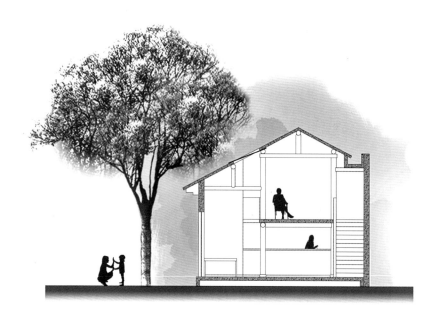

3 号楼剖面图

22

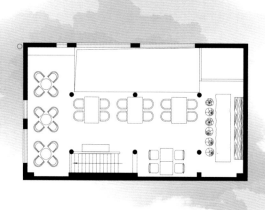

餐厅二层平面图

23

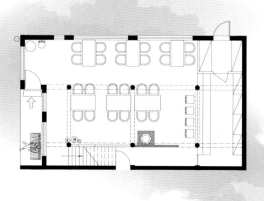

餐厅一层平面图

22. 乡根茶食餐厅二楼
23. 乡根茶食餐厅一楼
24-26. 汉式茶道套房
27. 带有水池的外院

## 设计师寄语

民宿其实相当于在乡村中开辟了一个全新的产业。设计师对东林渡和周边村落进行了详细的走访调研，结合乡村的空间属性和社会属性，不仅收集了大量的乡村基础建设的第一手资料，还与当地村民进行了很多类似人类学调查的深入沟通，了解他们对家乡的情感、对传统文化的认识，对生活的基本态度与向往。乡村生活就像是一把标尺，时刻提醒人们心中挥之不去的田园梦。改变，正在这个太湖畔的小小村落里，慢慢发生。

# 驻·85 民宿

古堰画乡里的诗意栖居之所

**项目地点**
浙江省丽水市
**项目面积**
400 平方米
**设计公司**
杭州时上建筑空间设计事务所
**主创建筑师**
沈墨
**设计团队**
李嘉丽
**摄影**
叶松 / 今零

1. 建筑入口
2. 建筑全景图
3. 地下酒吧大开窗

## 项目所在环境

    驻·85 民宿位于江南地带丽水的古堰画乡中。民宿被一片湖光山色围绕,这里早晨薄雾蒙蒙,一叶竹筏在湖面泛起,如仙境般充满诗意,而到了夜晚,霞光将天空染成红色,时光变得静谧柔和。正是因为这优美的自然风景,让民宿主决定在这里扎根,取名为"驻"也是希望客人能够停下脚步,驻留于此。这次,民宿主邀请了设计师沈墨,打造出第三幢驻·85 民宿——「7 月」。

4-5. 建筑局部
6. 客厅局部
7. 客厅全景

### 建筑外观特色

驻·85民宿的建筑通体呈白色,结合江南传统的"白墙黑瓦"进行创新,融合在当地建筑群中。设计师用一个个"木方块"堆叠,让建筑外立面变得拥有构成感,并且做了层层内退的处理,使用了木饰面与通透的玻璃材料为原本封闭的空间划出了阳台,为空间扩大了视野,加强层次感。

原本的老建筑由砖块堆砌,为了能更好地和历史对话,设计师保留了堆砌的形状,做出镂空的结构,成为了一面造型墙。

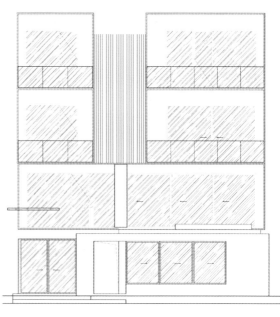

建筑外立面

### 室内设计

　　一层的公共区域划分为厨房、阅读区以及沙发休息区，空间整体色调充满自然的朴素感，设计师希望来到这里能够让人们停下脚步，感受自然的气息。一大片木质书柜、一个黑色的壁炉展现在眼前，与远处的自然美景相互照应。由于全屋供暖，这里的冬天十分舒适，足不出户也能观赏到风景。

8

驻·85仅有5间房，然而每一间都设计得别具一格，为确保每间房都能够最大限度地观赏远处美景，设计师使用了大落地玻璃，让山水映入室内，仿佛远处的美景就在眼前。房型各有特点，月白将木块与墙面穿插，形成了一个拱形的造型，同时也巧妙地划分出了休闲区、餐厅区、卧室区以及卫生间区，空间显得有趣，富有造型感。材质上选用了暖色的涂料与木质搭配，让空间呈现出温暖自然的格调。身处的空间变得纯粹、宁静，能够让人瞬间忘掉一切烦恼，尽情欣赏眼前的好山好水。

楼梯间的设计也极具巧思，顶部开出一个玻璃天窗，盖以草帘遮阳，阳光穿过间隙映射出移动的光影，仿佛拥有生命力，为空间增加了温度与感动。拾级而上，透过大落地玻璃慢慢显露出远处的山水，时不时可以看到人们在优哉游哉地泛着竹筏，仿佛还原了古时渔民的生活场景。

8. 透过客房可见窗外景色
9. 客房全景
10. 楼梯间光影
11. 客房内带有开放式浴缸
12. 客房景观

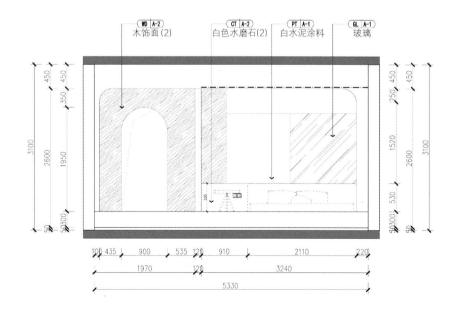

卧室剖面图1

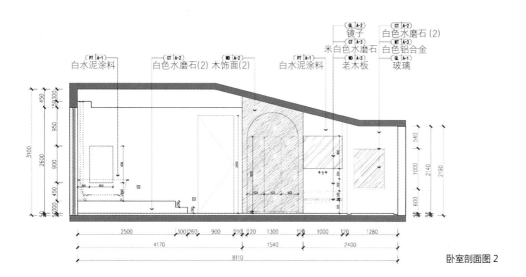

卧室剖面图 2

上部标注：

| 镜子 | 白色水磨石 (2) |
| 米白色水磨石 | 白色铝合金 |
| 白水泥涂料 | 白色水磨石(2) | 木饰面(2) | 白水泥涂料 | 老木板 | 玻璃 |

9

10

11

12

13

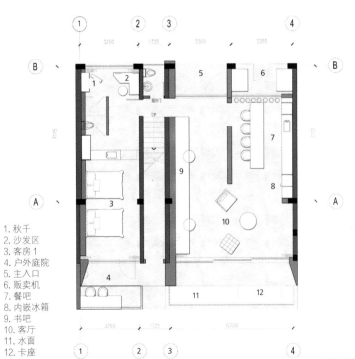

1. 秋千
2. 沙发区
3. 客房1
4. 户外庭院
5. 主入口
6. 贩卖机
7. 餐吧
8. 内嵌冰箱
9. 书吧
10. 客厅
11. 水面
12. 卡座

一层平面图

在这里你会时不时发现一些时间的痕迹，由女主人亲手从各处淘来的木椅子、茶几、柜子、餐具以及使用老木头手工打造的老物件，充满情怀与匠心，彰显出整个空间的气质与品位。设计师结合船以及桥洞的概念，将拱形元素拆解到走廊中、顶部以及嵌入墙中，空间仿佛拥有了重重仪式感，在这里住客能够自由穿梭，变得充满趣味与新鲜感。

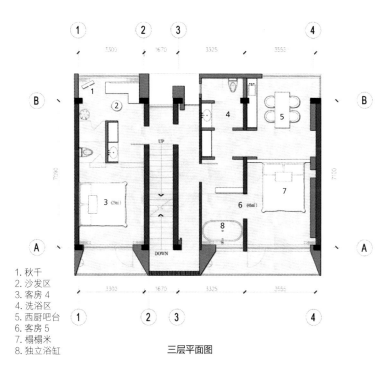

1. 秋千
2. 沙发区
3. 客房 4
4. 洗浴区
5. 西厨吧台
6. 客房 5
7. 榻榻米
8. 独立浴缸

三层平面图

13. 客厅整体书柜
14. 床头局部
15. 老木头家具
16. 客房内餐厅

14

15

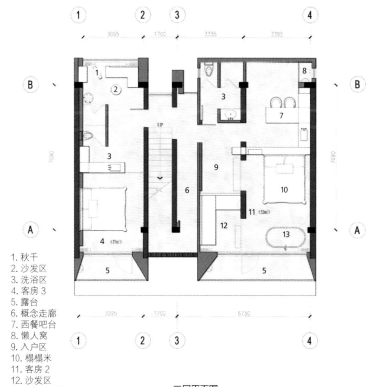

1. 秋千
2. 沙发区
3. 洗浴区
4. 客房 3
5. 露台
6. 概念走廊
7. 西餐吧台
8. 懒人窝
9. 入户区
10. 榻榻米
11. 客房 2
12. 沙发区
13. 下沉式浴缸

二层平面图

16

房间保留了原始的味道，没有过多的装饰，简单的造型便让空间变得独特有趣。阳台设有小卡座，可以在阳台上晒着太阳，品着好茶，欣赏美景，感受大自然。每间房型都是"开窗临水便迎山"，拉开窗帘便可放入满满一室的青山绿水。卧室内有着书桌和沙发，可以在这里写下一天的感悟，记录此刻所想。

17. 客房休息区
18-19. 景观阳台
20. 地下酒吧
21. 书吧
22. 酒吧夜景

设计师为地下酒吧开了一个大大的玻璃窗户，值得一提的是这块玻璃可以自由移动，能够让远处的风景更直观地映入眼帘，从室内望出去，像是一幅幅流动的画作。随着天气季节的变化，这幅画卷呈现出不同的状态，十分有趣。往里走则是书吧，在这里开展读书会、阅读与交流，也可以举办派对。

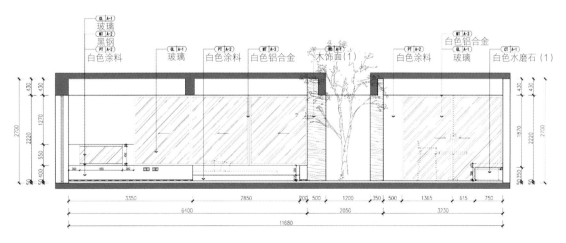

地下酒吧剖面图

# 来野莫干山民宿

隐匿在莫干山一隅的慢生活度假圣地

**项目地点**
浙江省湖州市德清县莫干山
**项目面积**
600 平方米
**设计公司**
杭州时上建筑空间设计事务所
**主创建筑师**
沈墨 / 张建勇
**摄影**
叶松

1. 立体建筑
2. 建筑外立面
3. 俯瞰图

## 民宿建造背景

　　民宿，作为近几年来流行的休闲体验空间，也是文旅建筑的重要组成部分，不仅带来舒适的居住享受，同时也能真正地将游客引领至美丽的风景中。莫干山便是这样一片地方，这里山峦连绵起伏，是一个适合度假与避暑的优选之地。此时，来野民宿正安静地隐匿在莫干山的一处，向远道而来的人们慢慢传达出生活气息。

## 新的定义

　　抛开对传统民宿固有的观念，主人希望民宿能够满足游泳池、酒吧、艺术空间等需求。由于原本空间的局限性，设计师沈墨和张建勇分析规划后，决定将整体建筑拆除，重新构造了一个新的现代化建筑。

4

## 水中的一棵树

对"水中的一棵树"的概念进行了诠释与重组,让建筑像树一样自由生长,充满生命力,以此来回应莫干山美丽的风景。材质的选择与穿插构造的处理方式,建筑在环境中变得纯粹又孑然独立,消除了周边环境带来的影响。建筑设计手法受国际建筑大师勒·柯布西耶( Le Corbusier)五大要素的启发:自由平面、自由立面、水平长窗、底层架空柱、屋顶花园。

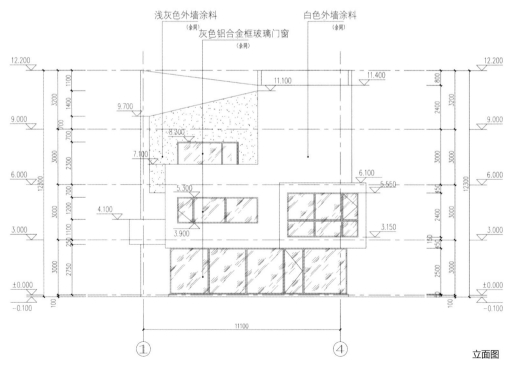

立面图

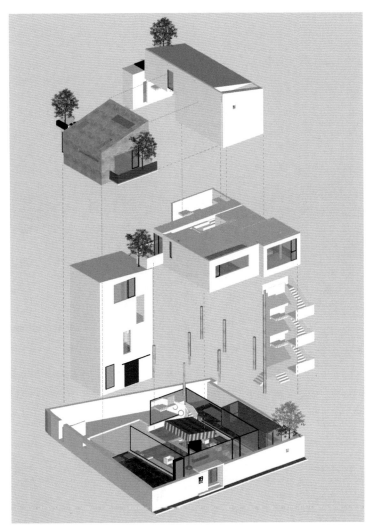

建筑分析图

4. 入口处
5. 建筑与周边环境
6. 悬浮的建筑
7. 大开窗设计

## 解放建筑

不同于以往规矩的建筑设计，该项目将立面释放，通过体块的穿插让空间变成多种可能，像是在森林中自由生长的树木。在建筑体块中开出一道道水平玻璃窗，能从各个角落望见窗外的风景，尽最大可能地与自然进行对话。

6

5

7

## 屋顶花园

在建筑的每层屋顶局部,天然生长出植物,色彩跳脱框架,在纯白色外墙的映衬下显得充满生机与灵动,不时与倒映在墙上的树影相应,呈现出一幅别开生面、动静结合的自然景象。

厅内下沉的卡座与泳池的水平线平齐,客人们可以在这里边品酒边与泳池里的人们聊天,此刻空间的边界被消除,时间被放慢,只剩当下这份令人心驰神往的愉悦。整个庭院被水系包围,建筑就像是悬浮在水面中,从泳池到汀步走道以及围墙中不断流动的瀑布,互相流通循环,设计师希望建筑能在水中无限生长,赋予生命与自然的力量。

8-9. 下沉客厅与游泳池
10. 建筑局部
11. 汀步
12-13. 位于一层的客厅

1. 厨房
2. 休息室
3. 卫生间
4. 游泳池
5. 水戏
6. 前台西厨操作区
7. 就餐派对区
8. 入口

一层彩屏图

## 让建筑悬浮

步入室内，将一层公共空间做了下沉处理，底层架空，通过柱子进行支撑让墙体解放，犹如一根根树干，空间瞬间变得通透、宽敞，四周大开窗的玻璃设计将景色引入室内，以景喻情，充满了自然斑斓的色彩。

将吧台放置在公共空间的中心，空间因此呈回字形，动线被巧妙地规划，人们得以自由穿梭其中。顶部的造型玩味性地做成了斜切状，内里蜂窝状镂空格子不仅能够隐藏灯的痕迹，也为空间增添了丰富的自然形态。

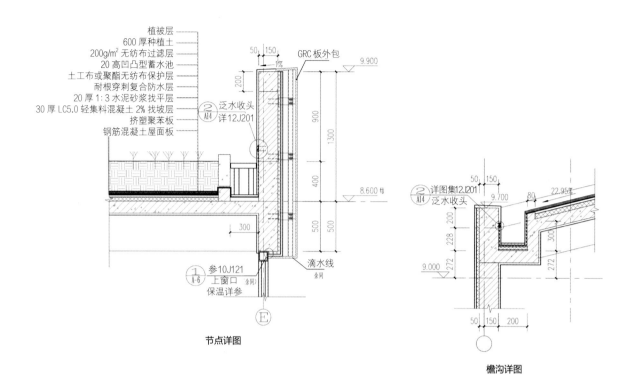

植被层
600 厚种植土
200g/m² 无纺布过滤层
20 高凹凸型蓄水池
土工布或聚酯无纺布保护层
耐根穿刺复合防水层
20 厚 1:3 水泥砂浆找平层
30 厚 LC5.0 轻集料混凝土 2% 找坡层
挤塑聚苯板
钢筋混凝土屋面板

GRC 板外包

② 泛水收头
A14 详12J201

① 参10J121
A-6 上窗口 (余同)
保温详参

滴水线

节点详图

② 详图集12J201
A14 泛水收头

檐沟详图

楼梯间的设计充满着亮点与惊喜，圆形的白色装置抽象了果实下落的轨迹，有着未来主义画家马塞尔·杜尚（Marcel Duchamp）《下楼梯的裸女》中的构成感，空间的艺术性与现代性在此得到体现。同时在连通一层至顶层的空间中，将墙面留空并且做了挖空设计，以便作为一个小型的艺术展览空间，传达出民宿趣味生活与热爱艺术的理念。

天窗的开设能够将室外的蓝天与阳光随时引入室内，随着光线的移动呈现出明与暗的相互交织，时不时给人带来神秘感与惊喜感，充满了时间的轨迹。

14

15

14. 俯视图
15. 楼梯造型
16. 客房

1. 标间
2. 卫生间
3. 过道
4. 阳台
5. 布草间
6. 大床房

二层彩屏图

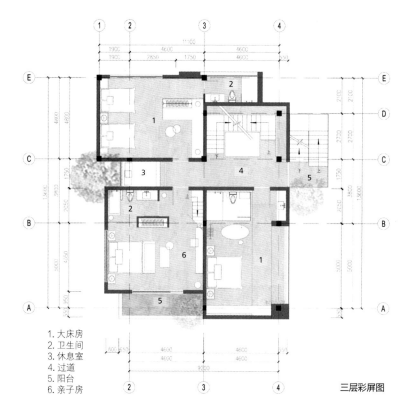

1. 大床房
2. 卫生间
3. 休息室
4. 过道
5. 阳台
6. 亲子房

三层彩屏图

房间的设计中都暗藏着自然的生命意象，山洞、鸟巢、展开的羽翼等元素，仿佛此刻栖息在森林中，至此空间中又多了一份奇妙的体验。建筑整体采用暖白色的灯光与杏色做搭配，简洁而自然。衣柜使用通透的茶色玻璃设计，为空间增添了色彩与朦胧感。在落地玻璃窗边放置榻榻米座椅，可以品茶观景，十分惬意。床边的鸟翼造型墙体将空间的功能区划分开来，延伸了空间感。

青山筑境·乡村文旅建筑设计

设计师将亲子房设计成了一片"白色森林"，当阳光照射进时，一道道光影展现出来，墙面上的攀爬墙以及地上的小帐篷为孩子增加了玩乐的体验，充满着童趣。顶层房间中，墙面涂上艺术涂料，模拟洞穴中岩石的肌理，并且开了一扇几何形天窗，透出室外的蓝天白云，仿佛置身于野外，享受无尽的野趣。

1. 阁楼房
2. 卫生间
3. 花园
4. 过道
5. 阳台

四层彩屏图

# GEEMU 积木酒店

由毛坯民居改造而成的乡村亲子酒店

**项目地点**
广西省桂林市阳朔兴坪镇
**项目面积**
1194 平方米
**设计公司**
梓集
**设计团队**
左龙 /Alex Lara/ 李昌锭 / 陈露冰
赖钊琪 / 林仕成 / 程梅 / 唐一凡 / 姜云洁
**摄影**
张超 / 刘景媛 / 田阳

1. 兴坪古镇新的日常
2. 从入口道路看建筑

## 项目背景

　　GEEMU 积木酒店是倡导亲子互动、在地文化体验和多业态融合的小型精品度假社区，位于广西桂林阳朔兴坪镇，由一座毛坯民居改造而成。项目探索了当下乡村最为普遍的快速自建房，如何被重新赋予建筑和社区意义。

　　2016 年初，阳朔高铁站通车，兴坪成为华南短途度假热门目的地，当地酒店产业如雨后春笋，杂芜的农家乐聚落迅速形成乡间新的日常。村民们拆掉老屋，在宅基地上争相盖起高大的混凝土新房，满心欢喜地等候外地人租下来开设酒店——就像许多村庄一样，兴坪古宅依偎、遗世独立的日子已成过往。

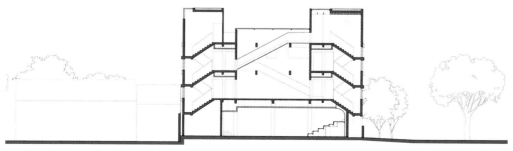

剖面图

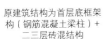

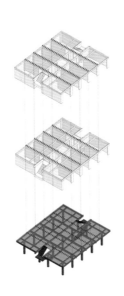

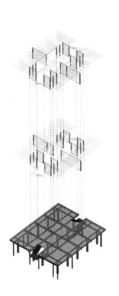

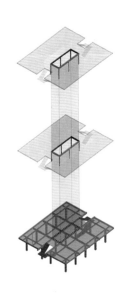

原建筑结构为首层底框架构（钢筋混凝土梁柱）+二三层砖混结构

原结构二层以上横墙与首层框架错开，通过二层上翻梁转换结构传力不直接，底部楼层刚度突变，抗震性能较差

根据改建需要，二三层设置与首层结构对位的墙体简化各层传力路径，增加圈梁构造柱，增加建筑整体延性

于二三层的中央挖空部分楼板，增设圈梁及构造柱，与首层结构对位形成类核心筒结构，进一步强化建筑结构的整体强度

## 项目概况和改造思路

　　积木酒店的前身就是一座普通的毛坯民居。设计师初次到现场时，面对这处毫无故事、低效无趣的空间，也一时语塞。建筑基地西南方向视野相对开阔，但北侧紧贴山体，甚至有些逼仄，建筑的集中大体量相比周围低矮散落的土砖民居也有些格格不入。

　　改造充分接纳现实语境，并寻求一种新的介入与共存关系。现场条件不稳定，用地范围和权属关系一直变化，因此设计根据相对确定的要素从内向外做出回应，加上现状结构限制，建筑原有主体部分继续承载主要居住功能，新的功能需求则以小体量的方式在原有体量上外溢，对话周边民居的同时削减了原有体量。建筑主体立面为水刷石，小体块则沿用当地老房子纸筋灰剥落后的土砖色加以区分强化。

3. 建筑原貌
4. 中庭的演变
5-6. 内与外，新与旧

## 室内空间的设计

和很多其他面积冗余的自建房一样，原建筑仅首层为村民自住使用，但展现出的通透性令人印象深刻。这源于当地人对高品质居住空间的理解：充分的层高、宽敞的跨度、真材实料的混凝土框架，过大使用面积带来的低效含糊的功能划分也是奢侈感的体现。项目首层延续了室内外的模糊与通透，将前台、餐厅等服务性功能集中在西侧，最大化呈现完整开放的公共空间，设置了剧场、阅览等多种功能，并通过前厅移门和 4 米 ×3 米的大玻璃推拉门开合，为多种活动和未来运营提供了包容性。

首层以上现有的承重砖墙可改动的余地不大，为了房间类型的丰富度，设计师把中间一户均分并划到两侧，为儿童留出了半独立的卧室和玩耍空间，形成主次空间渗透的亲子居住体验。室内和环境丰富的相处关系，则通过墙体、玻璃、玻璃砖等材质组合来塑造。

7. 一楼大堂
8. 接待处
9. 逐层渗透的空间
10. 对逼仄后山的渲染
11. 中庭对于空间的组织

二层平面图　　　　　　　　三层平面图　　　　　　　　四层平面图

　　垂直方向增加中庭进行联系，也改变了平面的平铺直叙。原本黑暗的走廊变成空间的核心，在光线洒下来的那一刻所有人都很兴奋：一个竖向上毫无特质的建筑，终于展现了新的可能。借助两组长滑梯，中庭被组织成另一个动态活动中心，孩子和大人都可以快速穿梭在2到4层间，"楼梯间——走廊"构成的固定关系被打破。几个空间的划分动作同时吻合结构体系的加固原则，中间户的分割和中筒的置入，都是对结构整体性的强化。

**建筑理念**

　　积木并非只是提供标准服务的"住"，而在一开始便被想象成一种介于酒店和幼儿园之间的独特场景。同样，积木不止于儿童，它希望用空间激发好奇心和社群交互，传递明晰的态度和细节，描绘属于成人和孩童各自的玩乐和审美趣味。

12. 走廊与楼梯
13. 孩子们在中庭玩耍

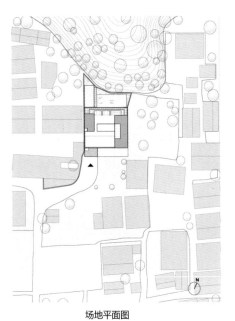

场地平面图

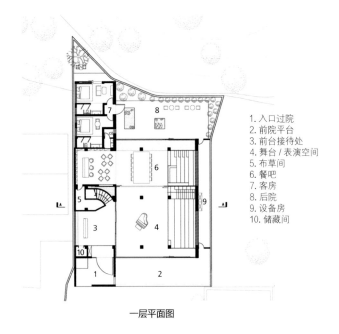

1. 入口过院
2. 前院平台
3. 前台接待处
4. 舞台 / 表演空间
5. 布草间
6. 餐吧
7. 客房
8. 后院
9. 设备房
10. 储藏间

一层平面图

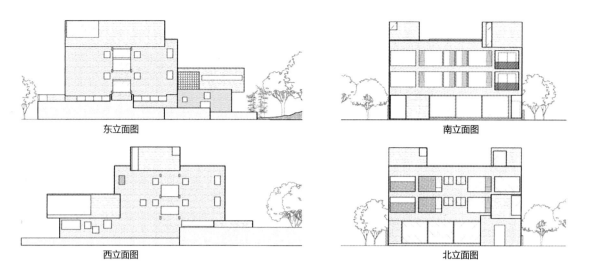

东立面图

南立面图

西立面图

北立面图

13

# 木屋酒店

以旅游项目振兴贫困山村的案例典范

**项 目 地 点**
贵州省遵义市团结村
**项 目 面 积**
40-45平方米/栋，共10栋
**设 计 公 司**
ZJJZ 休耕建筑
**设 计 团 队**
曹振宇/蔡玉盈/沈洪良/陈宣儒
**摄 影**
Laurian Ghinitoiu

1-2. 山间木屋

## 项目建造的初衷

　　木屋酒店位于贵州大山里的深度贫困村——团结村，是当地企业在政府扶贫政策引导之下，通过农业旅游改善贫困农村经济的项目之一。相对其他拥有较多文化遗产的乡村振兴先例，团结村并没有典型的传统建筑形式，而山、河、苍翠的景观及纯净无污染的农田是它最大的资本。

　　因此，设计师希望在场地选择及建筑形式能让建筑成为感受景观的载体，也能安静地融入原生态环境，同时建筑功能及形态能够更好地强化当地农业观光吸引力，从而创造就业机会并改善当地民众的生活条件。

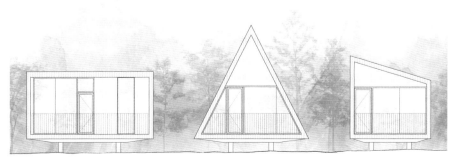

三种木屋类型

## 项目选址

木屋酒店由十栋 40 平方米左右的独栋木屋组成，坐落于陡峭的岩山上。酒店所处地形陡峭而复杂，间错着布满原始岩层。在没有正确地形图纸的情况下，"找到适合的位置"意味着反复地现场勘查。在一趟又一趟的山区踏勘中，设计师们慎重考虑每一栋木屋的观景效果、阳台私密性、流线合理性，避开施工难度过高的岩石区，谨慎地决定木屋组群的定位、朝向及流线。

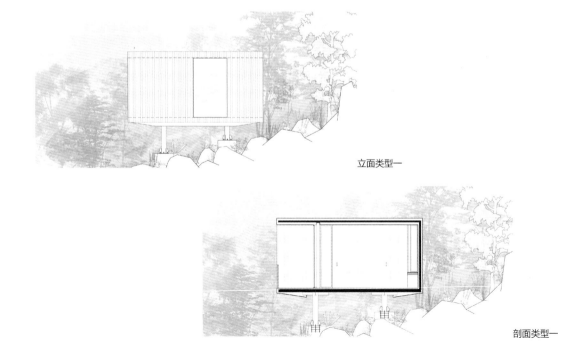

立面类型一

剖面类型一

3. 山间木屋
4-6. 木屋酒店室内

7. 农田侧畔的木屋酒店

**建筑过程**

    地形是场地中最大的约束，所有建材皆由人工搬运上山。因此木屋酒店主体采用木结构，以挑高的钢结构平台作为基座，提高施工效率的同时尽量不破坏原有的岩石地貌，使建筑及流线与原生态岩石群形成互动。外墙的淬火木以现场制作的方式完成，减少运输成本，并采用简易的工法达到设计效果。

    为了降低木屋酒店在环境中的存在感，设计排除了复杂或夸张的建筑形式，选取了三种简单的基本几何形态；每栋建筑作为独立客房，在保证室内舒适度的基础上将体量最小化，不过度消耗景观场地的空间。

    木屋的外墙以统一的材料淬火木构筑，具有耐候的特性，深色自然的质感和低调的整体形象与环境中丰茂的草丛与树林和谐共处。同时单体的视野及流线也经过充分的考量，各自望向巍然大山不受打扰。三种不同基本几何形态的木屋根据现场观景面切削出形式多样的窗口，赋予简单空间以丰富感受；内凹的阳台，也为室内营造了独揽山景的私密感。

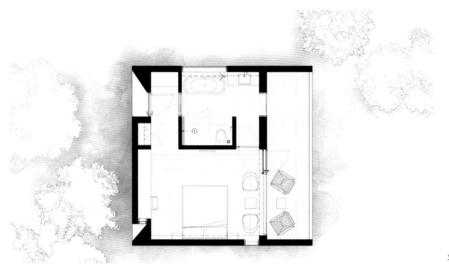

平面类型一

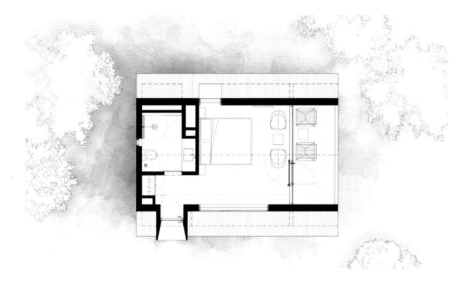

平面类型二

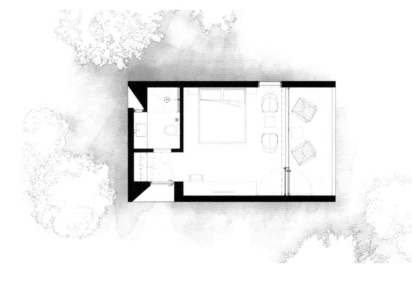

平面类型三

# 山间餐厅与酒吧

由当地村民参与建造和运营的乡村餐饮空间

**项目地点**
贵州省遵义市团结村
**项目面积**
1150 平方米
**设计公司**
ZJJZ 休耕建筑
**设计团队**
沈洪良／蔡玉盈／陈宣儒
**摄影**
Laurian Ghinitoiu
（1/2/3/5/6/7/9）
ZJJZ 休耕建筑（4/8）

1-2. 山间木屋

## 项目建造背景

当休耕建筑接受业主委托，在贵州团结村的大山里建造这个山间餐厅与酒吧时，距离预期的开业时间仅有短短六个月。面对异常紧张的设计施工周期，以及极度有限的预算，设计师们将设计专注于体量、空间和环境的关系，采用易于获取的材质以及能够短时间施工的钢结构，尽力在有限的时间和资源内完成这个看似不可能的任务。

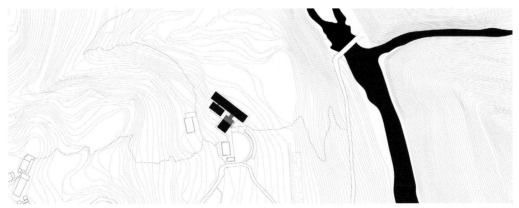

总平面图

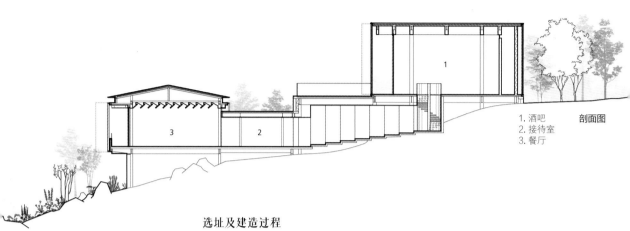

1. 酒吧　　　剖面图
2. 接待室
3. 餐厅

**选址及建造过程**

　　项目场地位于高差很大的陡坡上，背靠竹林，面向河谷和群山。因此设计师们在入口标高设置酒吧，餐厅则沿山坡设置在低处。错落的布局能够弱化建筑体在环境中的体量感，保留邻近的篝火广场的开阔视野，同时使餐厅及酒吧互不遮挡，室内空间都能够获得良好的景观。两个主体量的外立面采用相似但有区别的设计，深色的立面材质使建筑体量与周围的自然景观相融合。

入口厅位于较低标高的餐厅层。餐厅外立面采用玻璃与竖向百叶结合的方式，外部形成简洁的体量，内部则引入柔和的自然光线，同时保留置身于山景之中的通透感。在面向山谷一侧，设置了通长的半室外走廊；走廊外侧的竖向百叶可调节开启，巍然厚重的山体和山间的云雾尽收眼底，使就餐环境随着天气、季节的变化产生不同的氛围。

酒吧与入口厅由一个旋转楼梯相连。酒吧体量约6米高，尺度与后方竹林相协调，整体结构采用四根钢柱支撑。酒吧采用双层立面，在玻璃隔断之外保留连廊空间，最外层采用可开启百叶门扇，在需要时可向景观面敞开，与外部的广场、露台相连通，将室内的休闲空间向室外延伸。

3. 山间餐厅及酒吧夜景
4. 前台及餐厅内景
5. 餐厅内景
6. 酒吧内景

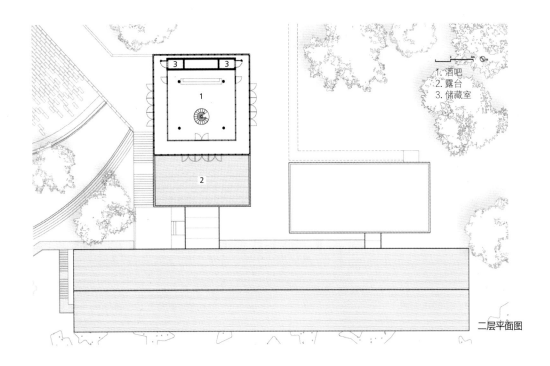

二层平面图

1. 酒吧
2. 露台
3. 储藏室

**设计师寄语**

在项目的建造过程中，当地村民加入施工队成为乡村的建设者，开业之后村民又成为这里的运营者。山间餐厅与酒吧作为扶贫项目的一环，在极短的时间内成为当地农业旅游经济中的重要角色，在满足接待游客功能的同时，也逐渐改变着当地村民的生活。

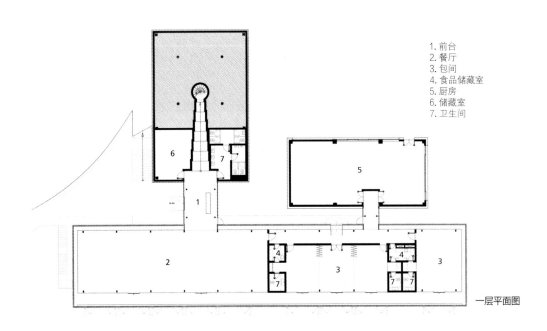

一层平面图

1. 前台
2. 餐厅
3. 包间
4. 食品储藏室
5. 厨房
6. 储藏室
7. 卫生间

7-8. 餐厅外景
9. 包间内景

硕士毕业于中国美术学院建筑系，师从王澍教授，读研期间工作于导师的业余建筑工作室，2014年毕业后在绿城GOA设计院工作一年，随后组建成立了尌林建筑事务所，并担任主创建筑师，开始独立做项目和建筑研究。近年来，事务所获得了众多设计类奖项，包括美国建筑大师奖•文化类建筑奖、DFA亚洲最具影响力设计奖、德国IF设计大奖、美国IDA国际设计奖、DtEA 全球最具教育意义建筑设计奖、艾鼎国际大奖公共空间类金奖 / 乡村营造类银奖、富阳青少年宫整体概念竞赛"三等奖"（团队）、硕士及本科毕业设计获中国美术学院毕业创作林风眠创作奖"银奖"、浙江美丽乡村新农居设计竞赛"二等奖"、武义民宿竞赛"优胜奖"。

**尌林建筑设计事务所 / 陈林**

# Introduction
## 概论

## 文化及服务空间

　　尌林建筑设计事务所这几年以乡村研究、中国园林、传统文化，艺术美学为思想源泉，做独立实践和建筑学相关研究。改造更新项目为事务所接触最多的项目类型，而且大部分在乡村，乡村算是事务所的一个起步点也将是事务所长期的根据地。事务所一直关注乡村建构学、类型学，且尊重建造的真实性和材料的在地性，研究自然和建筑，人与环境，新与旧的相互关系，也在不断的实践中探索新的建筑学领域。

　　在乡村实践的项目中，拾云山房是一个典型的乡村文化建筑，位于浙江省金华武义县一处保留了完整的夯土民居面貌的山林古村之中。书屋首层做了一个架空的半室外开放空间，实体空间都设定在二层，两个空间通过一部室外楼梯进行连接，山里的村民们可以在此喝茶聊天，小孩们也可以在这个空间玩耍。而天井作为空间核心被安放在书屋中，尺度怡人，让这个小房子能与自然、时间、空间产生更多的关联性。书屋二层设计了两圈回字形的书架，围绕天井和中间的阅读空间形成一个回廊。人在回廊上游走能产生类似在园林游走的体验；同时，回字形书架上根据书架的模数尺寸，打开了高低错落、大小不一的洞口，促进人与环境的互动。

我理解的文化建筑与乡村之间的关系，最主要是两方面，一方面是建筑与乡村环境的关系，另一方面则是建筑与生活在乡村的人之间的关系。乡村环境包括自然环境和人文环境，乡村的自然环境决定了建筑的朝向、建造方式、空间格局等，都是和气候、地形息息相关的，同时人文环境决定了文化建筑的思考深度，是否符合当地文化，能否融入乡村的生活，如何让传统文化转译成现代需求。建筑需要改变原有乡村的生活方式，提升乡村生活的质量，增加乡村的活力，与乡村友好。同时鼓励传统工艺的复兴，增强手工匠人的自信，认识到传统建造工艺的价值。

乡村更多的是需要尊重和敬畏，老祖宗留下来的很多东西都是需要我们这代人去传承和发展的，这便是最重要的价值观，不管是村民建造自宅还是开发商开发文旅，又或者是私人开发民宿，都应该有敬畏乡村的心态和正确文化价值观，让乡村可持续、有机、在地化，认识新美学，适应新生活，这便也是乡村振兴的核心。

我认为乡建应该保留传统的乡村文化，也应该引入新的生活方式；需要传承转译，也需要创新发展。"乡村建设的关键性因素还是取决于设计师的理念和乡村生活经验积累。从建造材料应用上尽量就地取材，寻找当地常用的材料，降低建造成本。在设计最初阶段就需要考虑当地的气候环境和工艺。保留传统不是回到从前，而是积极地应对和改变传统乡村的问题和弊端，在继承传承的同时也需要有适度的创新，这种创新我理解为一种乡村文化美学的转译。"

Appreciation
案例赏析

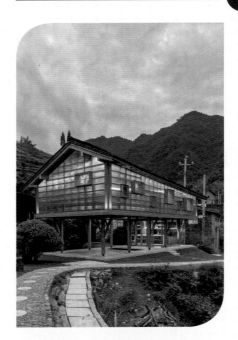

# 西河粮油博物馆及村民活动中心改造与升级

通过改造废旧粮库来激活贫困乡村的产业升级

**项目地点**
河南省信阳市新县西河村大湾
**建筑总面积**
1532 平方米
**博物馆建筑面积**
420 平方米
**村民活动中心建筑面积**
680 平方米
**餐厅建筑面积**
169 平方米
**附属建筑面积**
273 平方米
**设计公司**
三文建筑 / 何崴工作室
**主创建筑师**
何崴
**主设计团队**
赵卓然 / 陈龙 / 李星露
汪令哲 / 华孝莹 / 叶玉欣
**摄影**
金伟琦 / 何崴 / 齐洪海

1. 远看村民活动中心
2. 西河粮油博物馆外景
3. 航拍图

## 项目背景

2013 年 8 月 1 日，河南省信阳市新县"新县梦·英雄梦"规划设计公益行活动正式启动。正是这次公益设计活动，使西河村迎来了巨大的转机，也让设计团队与西河村结缘。

新县位于大别山革命老区，2017 年前是全国贫困县。西河村距离县城约 30 公里，是山区中的一个自然村。村庄一方面具有较丰富的自然、人文景观：风水山林、清末民初古民居群、祠堂、古树、河流、稻田、竹林等；另一方面，交通闭塞，经济落后，缺乏活力，空巢情况严重，常住村民大多为留守老弱儿童和少数智障村民。

总平面图

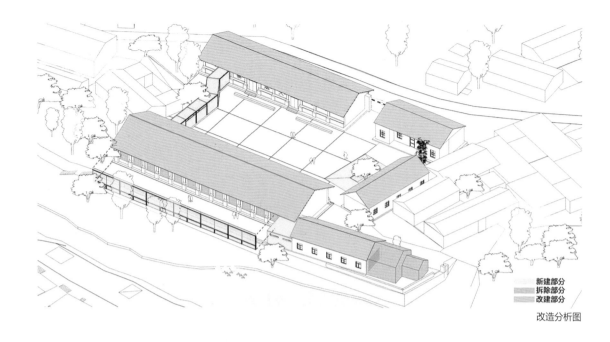

新建部分
拆除部分
改建部分

改造分析图

2013 年，设计团队的工作聚焦在对西河村一组建于 1958 年的粮库改造上。通过对场地中 5 座建筑的空间重构和功能更新，设计师成功地将五十年代的"西河粮油交易所"转变为二十一世纪的"西河粮油博物馆及村民活动中心"。改造后，建筑的功能包括一座小型博物馆、一处特色餐厅，以及多功能用途的村民活动中心。这座新建筑既是西河村新的公共场所，也成为激活西河村的重要起点。

4. 餐厅西立面
5-7. 改造前的粮仓
8-9. 村民在场地劳动
10. 工匠张思齐运用手艺完
成了镂空砖花墙的施工
11. 老油匠制作油饼
12. 西河良油 logo
13. 工匠张孝齐、张孝猛拿
着自己榨的油
14. 博物馆室内

## 西河良油

—西河粮油博物馆—

—山茶油—

在建筑改造的同时，设计团队还为西河村策划了新的产业：茶油，并设计了相关产品的logo——"西河良油"，可以说是一次"空间－产品－产业"三位一体的跨专业设计尝试。而西河粮油博物馆正是承载产品和产业的空间。一座古老的油车被安置在博物馆的空间中，它不是单纯的展品，它同时是真正的生产工具。2014年11月25日，时隔30余年，西河湾又开始了古法榨油的生产，而这油就是"西河良油"，榨油的工具就是这架有300年历史的油车。

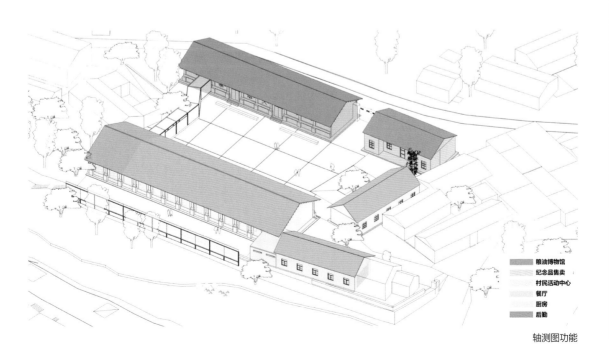

粮油博物馆
纪念品售卖
村民活动中心
餐厅
厨房
后勤

轴测图功能

时间来到2019年，5年时间飞逝，西河村在这5年中也发生了大改变。古村得到了全面修缮，也新建了民宿和帐篷营地等旅游服务设施，现在西河村已经成为年接待游客数十万人次、吸引青年人返乡创业的乡村振兴模范村。

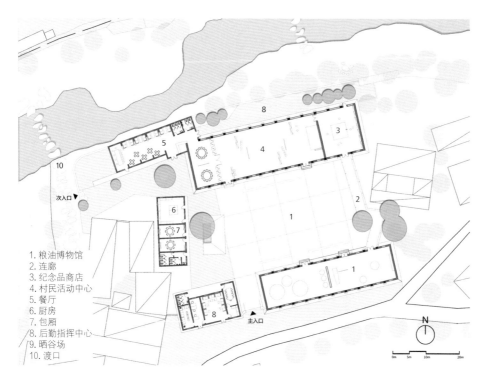

1. 粮油博物馆
2. 连廊
3. 纪念品商店
4. 村民活动中心
5. 餐厅
6. 厨房
7. 包厢
8. 后勤指挥中心
9. 晒谷场
10. 渡口

平面图

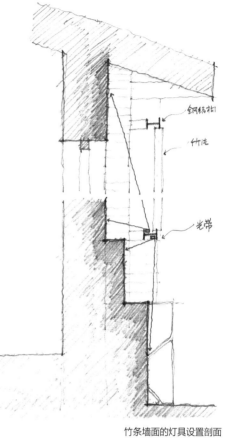

钢结构

竹片

光带

竹条墙面的灯具设置剖面

15. 村民活动中心室内
16. 连廊
17. 改造后的南立面夜景
18. 餐厅室内夜景
19. 餐厅西立面夜景

### 博物馆室内空间升级

时隔 5 年，2019 年 4 月，同一拨设计师再次回到西河村对西河粮油博物馆进行了室内空间展陈设计升级。本次的升级任务是在原展陈设计的基础上围绕当地粮油农作物加入亲子互动体验的元素，使提升后的博物馆同时具备亲子体验、田野教育、茶油生产和农产品销售多重功能。

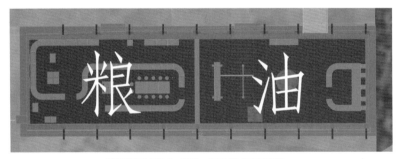

博物馆室内被分为"粮""油"两个主题空间

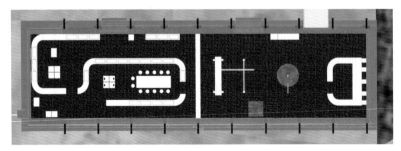

粮油博物馆平面

### 室内改造主题
#### ——"粮"和"油"

室内空间的重新设计围绕"粮"和"油"展开，也再次回应了建筑的名称"西河粮油博物馆"：建筑的两个房间，一个主题是"粮"，一个主题是"油"。粮空间，注重儿童的体验，分别从"春夏秋冬"的四季入手布置空间分区，每个季节对应一个主题，即"春播""夏长""秋收""冬藏"。空间和家具强调互动性，希望打破原有博物馆以"看"为主的调性，让观者（特别是儿童）能够参与其中，可"触"、可"听"、可"磨"、可"尝"。

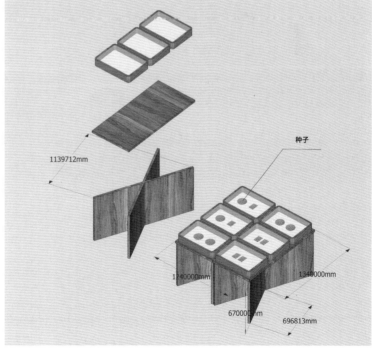

种子

20. "粮"主题空间
21. "春种"五谷展示区

1139712mm

1240000mm

1340000mm

67000mm

696813mm

展桌

150

展墙

22. "夏长"在于"倾听"环境、"感知"万物生长的"自然协奏曲"
23. 一台从农户家中收来的石磨被放置在展厅中央
24. 亲自互动体验区

　　因此，"春种"在于"触摸"和"认知"作物本身：该区域被设计成一个围合的农作物知识小讲堂，使得孩子们可以围坐在一起并亲手接触到各类将要在春天播种的作物。这种体验将辅助以直观的讲解，观众从这里开始对农耕与农时的认知之旅。

　　"夏长"在于"倾听"环境、"感知"万物生长的"自然协奏曲"：该区域放置了若干收纳声音的艺术装置，每一个装置内会有由竹子制作而成的高低错落的听筒，凑近的时候会听到夏季乡村中熟悉的声音，比如虫鸣和晚风吹过树梢的沙沙声。

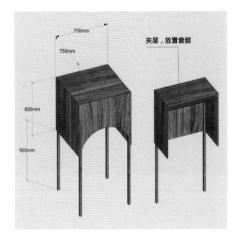

装置

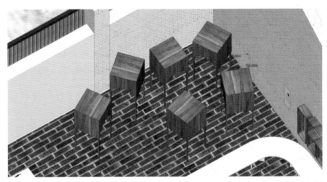

具有互动性的家具

　　"秋收"则通过"碾磨"体现：一台从农户家中收来的石磨被放置在展厅中央。在工作人员的指导下，孩子们与他们的父母可以共同使用这台传统石磨来碾磨秋天收获的农作物，如稻米、小麦、高粱等。亲身的体验让"脱壳""碾磨"这些农事生产词汇从书本上走到现实中。

　　"冬藏"则是这一穿越四季的农事体验旅程的终点，本区域也可被称作"亲子协作工作坊"，旨在让观众"品尝"到由农产品制作而成的可口食品以及"制作"简单的农具模型。西河保留着诸多食品制作的传统工艺，依循着这些传统制作方法，孩子们可以与父母一同品尝到自己手作的板栗饼、猕猴桃干、米糕等，在观念上全面认识农产品从种子到食品的完整过程。

22

位于室内空间中的条带状的矮桌是重要的元素。根据不同年龄段使用者的使用尺度，它的高度既可以作为儿童活动的桌子被使用，用来做手工和面点；也可以作为成人的坐凳。此外，这些矮桌可以拆卸、移动和自由组合。通过移动和组合，空间得以产生不同的分隔、变化。

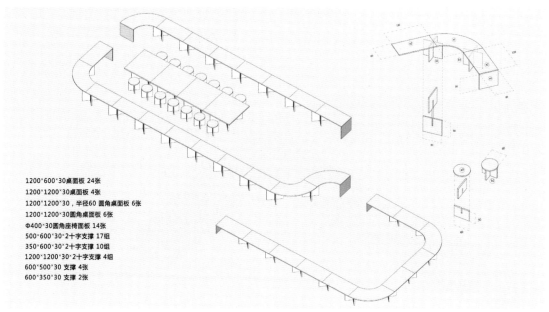

1200×600×30桌面板 24张
1200×1200×30桌面板 4张
1200×1200×30，半径60 圆角桌面板 6张
1200×1200×30圆角桌面板 6张
Φ400×30圆角座椅面板 14张
500×600×30×2十字支撑 17组
350×600×30×2十字支撑 10组
1200×1200×30×2十字支撑 4组
600×500×30 支撑 4张
600×350×30 支撑 2张

家具的组合方式

25

油空间是在原本榨油作坊基础上的升级。原空间中的古老油车仍然保留在原位置，这个布置与传统的习俗有关。油车由一颗300年大树主干制成，树干粗的一端称为"龙头"，龙头必须朝向水源，也就是村庄中的西河，榨油冲杠撞击的方向要和水流的方向相反，于是油车就有了现在的方位。围绕油车，新布置了半圈坐台，供观者可以舒适、稳定地观看榨油表演。坐台也进一步强化了空间的领域感，以及榨油的仪式感。在设计师看来，这种仪式性的生产或者生产的仪式感才是中国乡村最为宝贵的遗产。

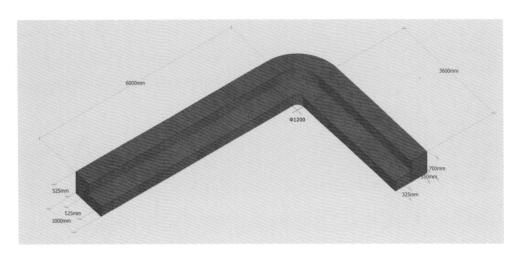

看台

25. "油"主题空间
26. 孩子们体验榨油工艺
27. 文创产品展示售卖区

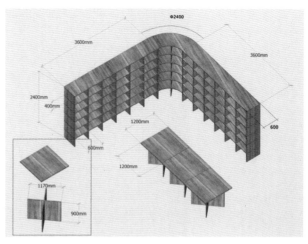

销售部分

与油车相对，空间的另一端布置了商品货架，主要用于销售与茶油有关的产品。早在2013年，西河项目的一期工作中，设计师就为西河村策划并设计了"西河良油"品牌。但遗憾的是，当时的西河村对于茶油的经营并不擅长，因此有机茶油的产业发展并不理想。本次空间升级正是希望将产业思路延伸下去，进一步将空间与经营、空间与产业结合在一起，使游览、观赏、体验和产品融为一体。

# 王家疃村之拾贰间美学堂

体验传统国学文化的亲子旅游佳地

**项目地点**
山东省威海市环翠区张村镇王家疃村
**项目面积**
850 平方米
**设计公司**
三文建筑 / 何崴工作室
**主创建筑师**
何崴
**设计团队**
陈龙 / 张皎洁 / 桑婉晨 / 李强 / 吴礼均
**合作单位**
北京华巨建筑规划设计院有限公司
**摄影**
金伟琦

1. 从后庭看向建筑
2. 新建构的门头与旧建筑对比，提示了两个独立的建造年代

## 项目的周边自然状况

　　王家疃村位于山东省威海市环翠区张村镇，距离市中心约 30 分钟车程。村庄属于里口山风景区，是入山的山口之一，地理位置便利且重要。村庄位于一个东西向的沟谷中，南北高，中间有溪流穿村而过。村庄形态狭长，周边自然生态完好，农业景观资源丰富，村东侧有一座近年来复建的庙宇，且香火颇旺。村庄聚落原始结构完整，保留有大量的毛石砌筑的传统民居，以及拴马石、门头、石墩等携带历史信息的物品，是典型的胶东地区浅山区传统村落。

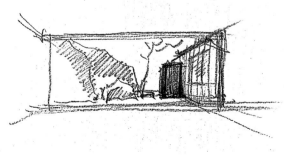

手绘草图

3. 改造后的建筑立面
4. 从白石酒吧入口望
向美学堂

**项目的原建筑状况**

作为里口山区域"美丽乡村"项目的一个重要组成部分，规划中将王家疃村定位为依托周边自然资源和广福寺人文资源的中国传统文化与休闲体验村落。村庄未来业态将围绕亲子休闲体验，国学文化展开，并以"孔子六艺"（礼、乐、射、御、书、数）和"君子八雅"（琴、棋、书、画、诗、酒、花、茶）为主要经营主题。

"拾贰间美学堂"，是王家疃整体工作的重要组成部分，也是"六艺"主题的载体之一。它是一个老建筑改造项目，原建筑是典型的胶东民居形制，瓦顶、毛石外墙，它曾作为乡村小学教室使用，但改造前已经闲置。因为有十二开间，当地人称之为"十二间房"。原建筑分为三个独立的部分，分别为六开间、三开间和三开间；十二间沿街一字排开，形成了区域的主要街道立面，也定义了村庄的主要风貌。建筑背身毗邻崖壁，且与崖壁之间形成三角形空地；崖壁山石形态奇峻、自然，很有中国传统美学意境。建筑东侧为村内近年加建的公共厕所，形象欠佳，且使用率不高。

因为建筑风貌特征鲜明，且保留完好，建筑质量也较好，所以设计团队希望在保留原有建筑风貌的基础上，对建筑适度改造，使之适应新的使用功能，并具有时代气质。

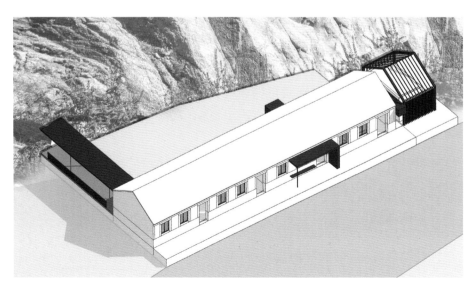

方案轴侧图

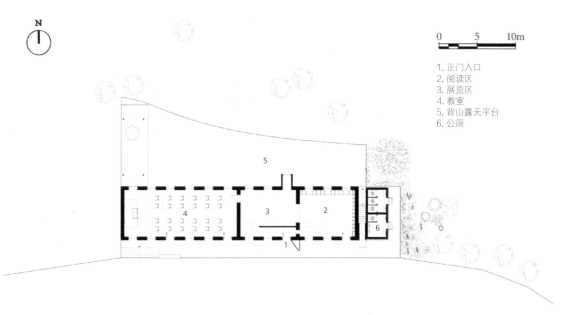

N

0　　5　　10m

1. 正门入口
2. 阅读区
3. 展览区
4. 教室
5. 背山露天平台
6. 公厕

平面图

4

## 建筑外部空间的改造

　　建筑的外部环境也是改造的重要组成部分。面向街道的一侧，建筑与街道之间的不规则用地被规整，利用高程形成了一个高于路面的平台，使用者可以在平台上闲坐、休息、观看、交谈，但不受交通的干扰。建筑背侧的外部空间是本次设计的一大发现，原本这里是被遗忘的角落，村民在这里养鸡。在实地考察中，设计师发现建筑背后的山石颇具审美价值，而且山石和老建筑之间的"缝隙"形成了天然的内观式空间，符合中国传统修身的意境。于是设计巧妙利用了这个"背身"，将地面稍作平整，铺设防腐木；山石不做任何改动，只是将其展现在此，作为"面壁"的对景；一个与原建筑垂直的半开放亭子被安置在背后区域的西侧，作为该区域的界限，也为后续使用提供了相对舒适的空间。

5. 西侧与原建筑垂直的半开放亭子为后院平台提供了舒适的空间
6-8. 背后空间施工过程
9. 学堂原貌
10. 方通格栅将公共卫生间隐藏

原建筑东侧的公共卫生间是本次设计必须解决的问题之一。不能拆除，但又有碍观瞻。设计师使用了巧劲，利用方通格栅将公共卫生间罩起来，格栅构建的尺度、形式来自于旁边的"十二间房"，于是低矮简陋的公共厕所变身为美学堂的延续，黑色格栅的处理既延续了旁边主体建筑的尺度，也延续了整个项目改造的手法。卫生间与美学堂之间的缝隙被利用起来，一个仅供一人通过的楼梯被安置在此处，一个略微突出建筑立面的小观景台与之相连，为公众提供了一个登高远眺和近距离观察原建筑屋顶的地点；卫生间屋顶也被利用起来成为可以暂时驻足的屋顶平台，它与楼梯、观景台一起形成了建筑外部的小趣味。

10

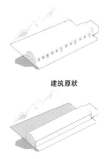

建筑原状

强调后院空间及原始立面

裸露公厕作为场地不利因素

增加体块

格栅形式表现

在原有体块中插入功能体块

插入体块形成功能空间

最终效果

体块生成过程图

## 建筑内部的空间规划

在功能方面，新建筑将作为乡村美学堂被使用。原本隔绝的三个空间被打通，整个空间被分为教室、展览区和阅读区三个部分。其中教室区域相对私密，与展览和阅读区域有门分隔；展览区和阅读区是新建筑的公共区域，开放、通透但又有层次，呈现出欢迎公众姿态的同时，又尽量保留原建筑厚重的民居特征。

建筑的流线跟随功能进行重新梳理，被重新设计和定义的主入口被安排在展示区域，设计师采用了黑色钢板，建构一个半露天的门头，一方面给予了建筑入口标志性，另一方面新旧的对比又进一步提示了两个独立的建造年代。

　　展览区不大，空间也相对单纯，"白盒子"的处理模式更有利于未来展品的布置和展示，入口的"影壁"既适当组合视线，又为前言和展墙提供了依托。展厅北侧外墙开一个洞口，将原来封闭的室内空间与建筑背侧的山石形成对视，材料也使用黑色钢板，与南侧的入口遥相呼应，暗示了新元素的贯穿性，以及设计师希望将人引向建筑背后山石区域的意图。

　　展览区的一侧是阅读区，两个区域之间由双坡顶建筑剖面形的哑巴口（无门的洞口）分隔。阅读区布置有书架和展桌，用于摆放和国学有关的书籍和文创产品。北侧墙面结合原有的窗户，将书架与座椅一起设计，形成了人、建筑与物品之间的契合关系。原建筑的屋顶被保留，并部分暴露，结合新的室内饰面材料，形成新旧对比和明暗对比。

11. 阅读区布置有书架和展桌
12. 阅读区
13. 入口的"影壁"既适当组合视线，又为前言和展墙提供了依托
14. "白盒子"的处理模式更有利于未来展品的布置和展示
15. 教室区域

神山岭综合服务中心

折叠的水平线

**项目地点**
河南省信阳市光山县殷棚乡
**项目面积**
2500 平方米
**设计公司**
三文建筑 / 何崴工作室
**主创建筑师**
何崴 / 陈龙
**设计团队**
梁筑寓 / 赵馨泽 / 宋珂 / 曹诗晴 / 尹欣怡
**摄影**
方立明

1. 建筑与环境的关系
2. 建筑夜景航拍

## 区位与背景

　　该项目位于信阳市光山县殷棚乡，属于大别山潜山丘陵地区。区域内山水相依，风景优美，有农田、水库、山林等自然资源。同时，当地盛产板栗、水稻、油茶、茶叶等农业资源。建筑作为神山岭生态观光园项目的综合服务中心，提供游客在园区内的接待、饮食、休闲及住宿等服务。

　　项目业主是当地一位开发商，项目所在地神山岭是他的故乡。在经历多年的事业发展之后，业主希望能够通过对家乡的产业投资，带动乡村的经济增收，从而起到"乡村振兴"的作用。神山岭生态观光园项目除了综合服务中心之外，还规划有酒坊、油坊、茶室等单体建筑，及儿童游乐区、采摘区、生态养殖区等功能片区。

游客中心基地景观总图

3

### 设计理念

建筑设计的概念来自于对场地的阅读。基地位于园区东西向主路和一条向北次路的交叉口，呈不规则的三角形，北窄南宽，东北和西北方向有丘陵，西南向较开阔，具有较好的对景。业主在设计团队介入之前已经将场地进行了平整和拓宽，也开挖了基地东北侧的丘陵，对原有环境有一定的改变。面对裸露的、高达15米的边坡，设计团队提出用建筑进行生态环境修补的想法：将建筑退让至场地边界，与开挖的山体衔接。建筑从场地中央位置挪开，既创造了开阔的户外空间，又使建筑成为自然山体的延伸，由此得出建筑面向西南、背向东北，依山面水而建的基本格局。

在此基础上，设计团队提出"折叠的水平线"的设计理念：建筑总体呈退台式组织，暗示了建筑作为另类等高线与山体的关系，建筑作为自然环境的一种延续，但又不仅限于对自然的模仿和拟态。

3. 水平延展的建筑外立面形成秩序
4. 建筑周边环境
5. 建筑南立面
6. 建筑作为环境的延伸
7-8. 基地位置和平整场地留下的边坡

4

5

6

原有山体　陡坎

生成图 1

生成图 2

生成图 3

生成图 4

7

8

## 功能与手法

建筑共三层，首层为公共服务区域，平面呈 L 形布局，包含接待大厅、农产品售卖中心、餐厅、宴会厅、会议厅、办公等；二层和三层为客房，两层共计 22 间。

设计团队选取"层叠退台"作为建筑的基本形式：下一层的顶部成为上一层房间的户外活动空间，每个客房都有独立的"空中小院"，丰富了住宿的体验。客房部分，通过将模数化的功能单元如积木一般进行错动堆叠，形成节奏性的空间序列，同时最大限度地获得了向西和向南两个方向的观景面。与此同时，交通的组织，管线和结构的对位必须得以保证，从而使建筑在乡村语境中可以被实现。对于各层户外退台空间，设计团队有意在各层平面上进行错位，使得上层建筑轮廓的阳角与下层建筑轮廓的阴角相对，由此形成了同层平面上相对独立的户外空间，保障了客房使用过程中的私密性。

建筑外墙整体为白色，设计团队有意弱化了外墙在材质及颜色方面的装饰语言，突出建筑的"几何性"和"构成性"。建筑立面处理上强调横向线条和实体，通过女儿墙和下反檐口形成连续的、"实"的白色条带。但在秩序感之余，也注意了在细节处的变化，例如建筑入口东侧的天井院，为室内空间形成了三面观看的小景；宴会厅的天光顶棚为空间提供了天光照明的同时也在建筑形态上产生了局部变化。

1. 招待大厅
2. 序厅
3. 休息区
4. 大会议厅
5. 办公室
6. 宴会厅
7. 餐厅包间
8. 餐厅厨房
9. 会议室
10. 准备室

首层平面图

1. 家庭房
2. 屋顶绿化
3. 布草间
4. 洗衣房

二层平面图

11

11. 建筑与水面的关系
12. 退台上的折线立面
13. 由客房看向室外

## 结语与思考

三文建筑设计团队在设计实践中一直试图讨论"前卫与地方""消隐与凸显"这两对二元词汇在中国乡村建筑行为中的平衡与取舍。从某些层面上看，本案是"前卫"的，它以"强硬"的建筑形态和场地对话，但设计的开始却是以延续场地为初衷，从这此角度它又是"地方"的，只不过这种地方性不是简单的乡土形式的挪用。

本案的项目背景在乡村，但又是脱离于乡村常规认知之外的建造实验。现代主义建筑时期，柯布西耶提出"多米诺体系"，在工业化建造背景下迅速在全球范围内推广。20世纪80年代之后的中国乡村，依序这一模型，建造了数以万计的"火柴盒"建筑，改变了乡村的面貌。在简单批判之余，冷静思考，模数化的钢筋混凝土房屋建造技艺才是中国乡村在有限条件下最易得的"建筑手段"，也是最符合工具理性的方式。如何在有限条件下，对简单乏味的建筑进行"小小的改变"，通过思考秩序、模数和变化之间的平衡，既满足乡村多快好省的要求，又在建筑效果上有所突破，成为了设计团队思考的方向。当然，此案在实施过程中也有诸多的遗憾，如"空中小院"的景观处理，屋顶水池以及立面的细节并没有完全得以实现等，但这些也正是乡村建筑的真实组成部分，也是需要思考的内容。

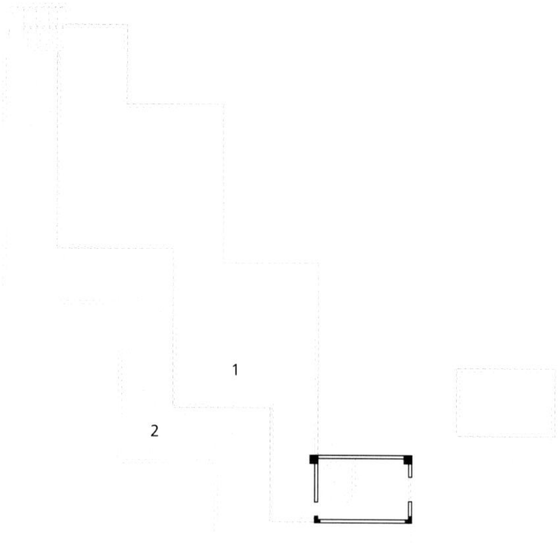

1. 上人屋面
2. 屋顶绿化

四层平面图

1. 家庭房
2. 双人房
3. 屋顶绿化
4. 布草间

三层平面图

# 上坪古村复兴计划之杨家学堂

## 用书吧传递古村历史文化

**项目地点**

福建省三明市建宁县溪源乡

**项目面积**

113 平方米

**设计公司**

三文建筑 / 何崴工作室

**主创建筑师**

何崴

**设计团队**

赵卓然 / 李强 / 陈龙 / 陈煌杰 / 汪令哲
赵桐 / 叶玉欣 / 宋珂

**摄影**

周梦 / 金伟琦

1. 杨家学堂区域全景
2. 杨家学堂的新建筑分为
"一动一静"两个部分

## 项目改造背景

　　杨家学堂位于上坪村两条溪流的交汇处,是入村后的道路分叉口,地理位置非常重要。相传朱熹曾在这里讲学,并留下墨宝。选择在这个地点进行改造设计,既考虑了旅游人流行为的需要,也照顾到了上坪古村的历史文化。

　　改造对象是杨家学堂外面的几间废弃的农业生产用房,他们是杂物间、牛棚和谷仓。设计团队希望将原来的建筑改造为一个书吧,一方面为外来的观光者提供一个休息和了解村庄历史文化的地点,更为重要的是为当地人特别是孩子提供一个可以阅读、可以了解外面世界的窗口,并为重拾"耕读传家"的文化传统提供场所。

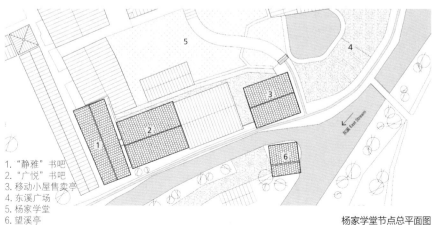

1. "静雅"书吧
2. "广悦"书吧
3. 移动小屋售卖亭
4. 东溪广场
5. 杨家学堂
6. 望溪亭

**杨家学堂节点总平面图**

杨家学堂立面图

## 项目状况和设计思路

在前期的考察中，设计师发现杂物间和牛棚在空间上有很大差异。杂物间相对高大，内部空间开放；而牛棚则正好相反，因为原有功能的需要，空间矮小黑暗，几个牛棚之间由毛石分隔。此外牛棚上面还有一个低矮的二层用于存放草料。

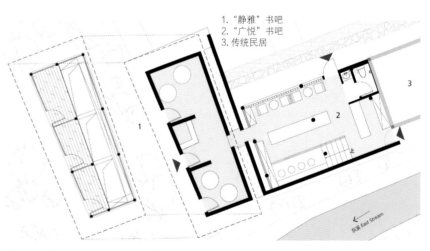

1. "静雅" 书吧
2. "广悦" 书吧
3. 传统民居

书吧平面图

空间的差异和"瑕疵"带来了空间改造的困难，同时也为改造后的建筑叙事提供了戏剧性元素，这正是改造项目有趣的地方。利用原有空间的特点，设计团队将新建筑定义为"一动一静"两个部分。"动"是利用杂物间改造的书吧的售卖部分，这里相对热闹，拿书借书，买水喝水，以及设计团队专门为上坪村创作的一系列文创产品都在这里集中展示、销售，大家称之为"广悦"。"静"是读书、静思的空间，称之为"静雅"。

3. 杨家学堂的新建筑分为"一动一静"两个部分
4-5. "广悦"书吧内,设计师在室内加设了一个高台
6. 杨家学堂内,当地居民在"广悦"书吧内阅读

## "广悦"区和"静雅"区的改造过程

"广悦"区是上坪村对外的一个窗口,外来人可以在这里阅读上坪古村的"前世今生";村里人也可以透过物理性的窗口(建筑朝向村庄的一面采用了落地玻璃,将书吧和村庄生活连在一起)和心理的窗口和外面的世界进行对话。

原有建筑朝向溪流一侧是封闭的毛石墙,本身开窗很高。但是设计师希望能将溪流和对面的田园景观引入书吧,因此并没有降低原有窗口,而是在室内加设了一个高台,人们需要走上高台才能从窗口看到外面。这样做一方面尊重了原有建筑与溪流、道路、村落的关系,保持了建筑内部和溪流之间"听水"的意境,另一方面又满足了人们登高远望的要求,又丰富了室内空间。建筑面向村庄的一侧,原有的围墙已经倒塌,设计师利用一面落地玻璃来重新定义建筑与村庄的邻里关系,也改善了原有建筑采光相对不理想的问题。

　　"静雅"区由牛棚改造而成。设计师认为原有建筑最有意思的空间模式是上下两层相互独立又联系的结构：下面为牛生活的地方，由毛石垒筑而成，狭小、黑暗；上面是存放草料的地方，木结构，同样狭小，相对黑暗；上面的"木房子"是直接放在下面的石头墙上的，它们之间在物理流线（上面的空间不会通过下面的空间进入）上是分离的，但在使用逻辑（牛吃草）上是关联的。

7. 杨家学堂新建筑
8. 牛棚原貌
9-11. 杨家学堂节点改造过程图
12. 从杨家学堂的墙缝中看"广悦"书吧
13-14. "静雅"书吧内，"木房子"被稍微抬起，将阳光引入原本黑暗的牛棚
15. "静雅"书吧二层阅读空间，阳光板隔墙形成了半透明的效果

　　"静雅"沿用了原有空间模式，但将上面的"木房子"稍微抬起，一方面增加下面空间的高度，另一方面将阳光引入原本黑暗的牛棚，这里将成为阅读者的新区域，安静、封闭，不受外部的干扰。原有的毛石墙面被保留，懒人沙发被安置在地面上，柔软对应强硬，温暖对应冰冷，"新居民"对应"老住户"，戏剧性的冲突在对比中产生。二层的草料房被重新定义：原来的三个隔离的空间被打通，草料房的一半空间被吹拔取代，在吹拔空间与新草料房之间采用了阳光板隔墙，形成了半透明的效果；草料房仍然很低矮，进入的方式也必须从户外爬梯子而入，很是不舒服，但这也是设计师有意为之。设计师希望这里的使用回到一种"慢"的原始状态，有点类似苦行僧的状态，使用者需要小心体味身体与空间，把都市的张扬收起，在读书中反思人与自然、人与环境的关系。

　　这种"慢"的要求也同样反映在一静一动两个空间的连接位置上。一个刻意低矮的过道被设计出来，成年人需要低头弯腰慢慢通过。设计师希望通过这种空间的处理暗示"谦逊"这一中国民族的传统美德：低下头，保持敬畏。

书吧剖面图

**改造项目中文创产品的展示**

　　书吧也是上坪文创产品的重要展示和销售的场所。设计师利用上坪古村文化历史传说和传统进行乡村文创，打造一系列专属于上坪古村的乡村文创产品和旅游纪念品。如利用朱熹的墨宝对联创作的书签、笔记本；提取上坪古村的历史、文化、建筑、农业特点设计的上坪古村的LOGO，以及由此延伸的文化衫、雨伞等。这些文创产品既传承了上坪古村的历史文化，又为村庄提供旅游收入。

16

16. "广悦"书吧吧台空间
17. 环保袋+雨伞+明信片+手绘本
18. 杨家学堂书签
19. 上坪古村文创产品：上坪莲子露
20. 上坪古村文创产品：手绘地图及印章

# 拾云山房

在大山深处创造安静的阅读空间

**项目地点**
浙江省金华市武义县柳城镇梁家山村
**项目面积**
156 平方米
**设计公司**
尌林建筑设计事务所
**主创建筑师**
陈林
**设计团队**
刘东英 / 杨世强 / 简雪莲
**摄影**
赵奕龙 / 陈林

1. 鸟瞰图
2. 夜幕下的拾云山房

## 设计背景及意图

　　拾云山房位于浙江省金华市武义县一处山林古村之中，村子保留了完整的夯土民居面貌，村中建筑依山势高差而建，群山环绕，村口处尚存几棵繁茂的古树，已有上百年历史。书屋坐落于村口广场不远处，旁边是保留完好的夯土三合院民居，场地原址有一个牛栏房，坍塌后被拆除。

　　建造书屋，是为了给古村提供一个阅读的空间，一个让人静下心来的地方，从而吸引更多的游客、年轻人和小孩子回到山里；也希望能够创造出一个丰富而安静的场所，让小孩子和老人都能在这座建筑中里感受到自由和快乐。

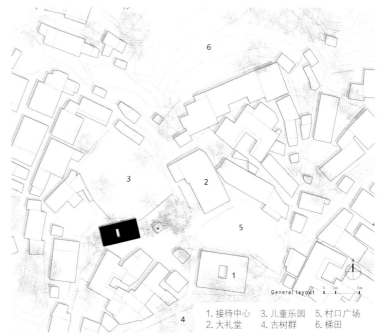

6

3

2

5

1

General layout

4

1.接待中心　3.儿童乐园　5.村口广场
2.大礼堂　　4.古树群　　6.梯田

总平面图

## 让空间与乡村友好

　　把书屋的一部分空间留给村民，是设计师们设计初始阶段就有的想法，也是一种直觉性的感受。在书屋的首层做一个架空的半室外开放空间，用十根结构柱架空整个书屋首层，实体空间都设定在二层，两个空间通过一部室外楼梯进行连接，只在首层局部设置了一个小水吧，可以提供饮水，其他的空间完全向公众开放，山里的村民们可以在此喝茶聊天，小孩们也可以在这个空间玩耍打闹，用这个开放空间把各种活动的可能性都串联起来。

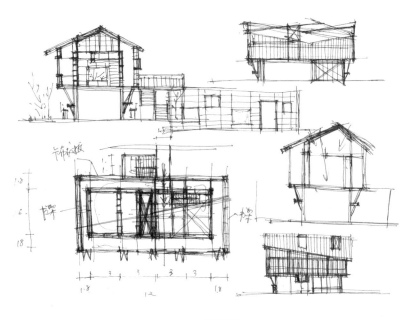

设计草图

3. 村民在书屋的架空空间喝茶聊天
4. 建筑的侧立面
5. 建筑北立面

4

同时站在场地关系的角度思考，书屋用地处于一个三角地带，南侧是该村落的主要步行干道，北侧有一堵三米高的石坎墙，石坎墙上面是一片儿童戏玩区，在设计策略上抬高书屋的实体空间部分，让建筑体首层与道路之间形成空间的退让，路上的行人也可以随时到书屋下休息。而书屋的二层则和儿童戏玩区在同一空间层面上，这样的处理，一方面便于儿童进入书屋看书或在儿童区玩耍，另一方面，方便父母在书屋里阅读的同时能关注到孩子。无论是站在场地属性的角度还是站在对乡村生活理解的角度，在乡村设计建筑，我们都希望建筑与村民、与乡村环境都能保持一种最友好的状态。

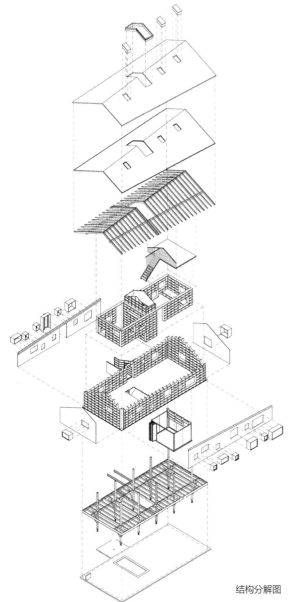
结构分解图

5

6. 天井与书架
7. 天井内侧
8. 天井与水院的关系

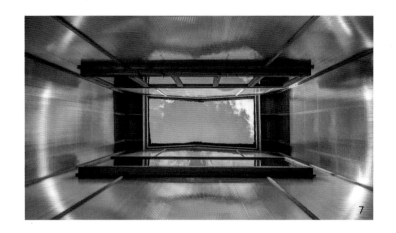

## 天井与时间性

　　天井作为空间核心被安放在书屋中。在首层天井底部下方留出一片水面，下雨时，雨水从天井落入书屋水池，在书屋就可以听到滴滴答答的声音；晴天时，阳光可以直接照射进来，形成独特的光影效果。之所以在很小的书屋里去营造一个天井，也是为了让这个小房子能与自然、时间、空间产生更多的关联性，这可能就是一种设计师所认为的时间性。

　　天井空间的设置，就是在等某个特定的时间——阳光洒进来，形成一道光影；雨水落入水院，产生一点涟漪；空气流进来，感受一缕微风。在这样的时刻，天井被设定为一个等待此时间点的特殊意义空间。我所理解的乡村建筑的精髓，是一种人与空间、人与自然、人与时间和谐共处的状态。阳光、雨水、空气都可以通过天井被纳入室内空间。

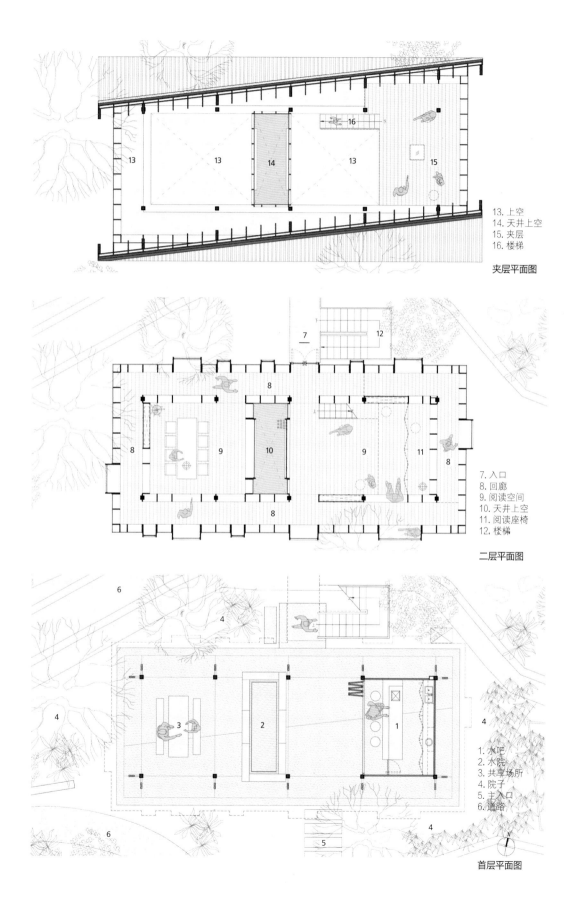

13. 上空
14. 天井上空
15. 夹层
16. 楼梯

夹层平面图

7. 入口
8. 回廊
9. 阅读空间
10. 天井上空
11. 阅读座椅
12. 楼梯

二层平面图

1. 水吧
2. 水院
3. 共享场所
4. 院子
5. 主入口
6. 道路

首层平面图

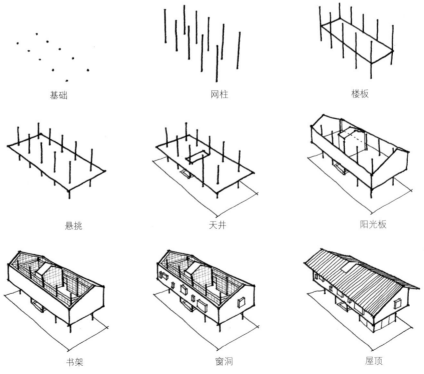

| 基础 | 网柱 | 楼板 |
|---|---|---|
| 悬挑 | 天井 | 阳光板 |
| 书架 | 窗洞 | 屋顶 |

形态演变图

9. 多种状态的儿童阅读空间
10. 透过天井看到对面的阅读空间
11. 从书架框内窥视阅读空间
12. 回廊
13. 阅读空间

## 回廊与交流

在书屋二层设计了两圈回字形的书架，书架围绕天井和中间的阅读空间形成一个回廊，一米左右的宽度，由首层结构架空悬挑而出。通过这样一个回廊，让人游走在其中，能产生类似园林游走的体验；同时，回字形书架上根据书架的模数尺寸，打开了很多洞口，它们高低错落、大小不一，让视线穿透，空气流动。

读者漫游于回廊时，视线和空间通过洞口突然被打开，空间的边界便消隐了。当人站在洞口的另一边，透过窗口，不但能看到坐在窗台上看书的人，还能看到更远的窗外，远处的山林和大树。通过屋内层层递进的透视感能形成空间与人，与环境的交流和对话。

14

置入双坡顶木屋

提升木屋，留出活动空间，产生视线交流

置入天井，汇集雨水，感受自然

置入楼梯，联系高差

设计策略图

## 实验性的实践

实验性是设计师们一直在坚持的建筑设计研究方法，在书屋的设计中，他们做了两个实验，一个是形态类型上的实验，一个是材料运用上的实验。

形态类型上，把书屋实体空间部分抬高，实体部分延续当地民居的双坡屋顶形式和坡度，以及传统的屋面顺水做法和小青瓦的铺设，却在屋顶的屋脊上做了微小的设计动作，让屋脊的角度做了 6.5 度小偏转。使书屋的屋顶形态发生了一点微妙的形态变化，屋顶的檐口一高一低，室内屋顶的倾斜结合均质书架的空间，让空间发生变化。

材料运用上，书屋的书架选择 3 厘米厚的松木板模数化布置，用统一的模数尺度语言控制，书架的竖档和屋顶的结构梁用材一一对应，形成整体的语言逻辑体系。在外立面上，采用乡村比较少见的阳光板，让整个房子变成了一种半透明的状态，室内的光线透过阳光板变得很温和，给书屋室内形成一种舒适的阅读环境，同时，半透明的材料可让室内的人对室外景观有一种若隐若现的朦胧美，实现一种半通透性的空间感受和氛围目的。

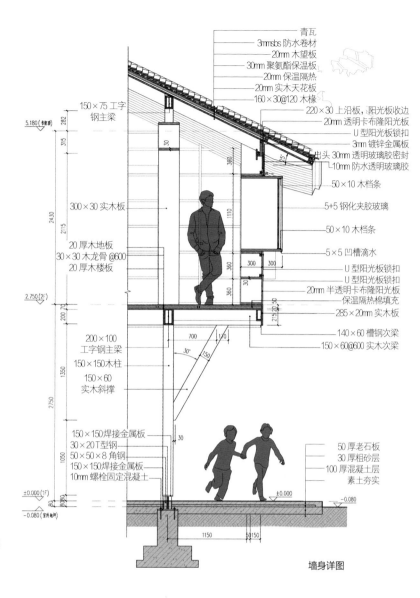

青瓦
3mmsbs 防水卷材
20mm 木望板
30mm 聚氨酯保温板
20mm 保温隔热
20mm 实木天花板
160×30@120 木椽

150×75 工字
钢主梁

220×30 上沿板,阳光板收边
20mm 透明卡布隆阳光板
U 型阳光板锁扣
3mm 镀锌金属板
地头 30mm 透明玻璃胶密封
10mm 防水透明玻璃胶
50×10 木档条

300×30 实木板

5+5 钢化夹胶玻璃

50×10 木档条

20 厚木地板
30×30 木龙骨@600
20 厚木楼板

5×5 凹槽滴水

U 型阳光板锁扣
U 型阳光板锁扣
20mm 半透明卡布隆阳光板
保温隔热棉填充
285×20mm 实木板

140×60 槽钢次梁
150×60@600 实木次梁

200×100
工字钢主梁
150×150 木柱
150×60
实木斜撑

50 厚老石板
30 厚粗砂层
100 厚混凝土层
素土夯实

150×150 焊接金属板
30×20 T 型钢
50×50×8 角钢
150×150 焊接金属板
10mm 螺栓固定混凝土

**墙身详图**

14. 建筑融合在层叠的屋顶关系里
15. 夜幕下的书屋
16. 过路的村民会不自觉的关注书屋

青山筑境 · 乡村文旅建筑设计

15

16

**设计师寄语**

　　乡村对于很多建筑师来说是一个陌生的领域，很多建筑师也逐渐参与到乡村中不断做尝试。该项目的建筑师们也是一样，抱着探索和融合的心态，以建筑师的身份尝试介入乡村，很多时候，设计的灵感不仅仅来自建筑师的直觉判断，而且需要根植于乡村本身，让在地性与创造性很好的结合。其实乡村没有标准，没有固定法则，没有唯一性，好坏只能让乡村自身来判断，设计师们希望这会是一个好的开始。

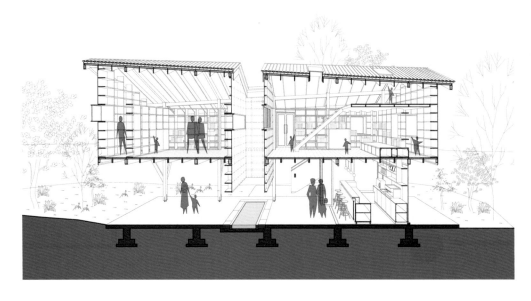

剖透视图

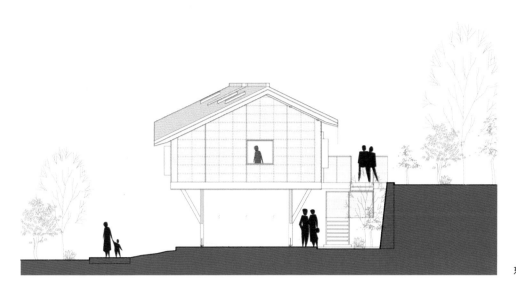

东立面图

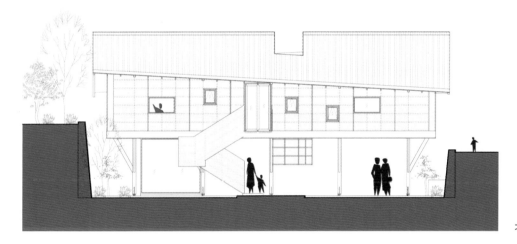

北立面图

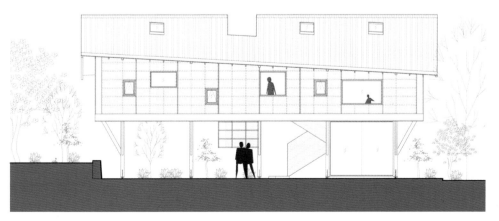

南立面图

# 青龙坞言几又乡村胶囊旅社书店

由乡村老宅改造而成的理想居住及阅读空间

**项目地点**
浙江省杭州市桐庐县
**项目面积**
232 平方米
**设计公司**
Atelier tao+c 西涛设计工作室
**设计团队**
刘涛 / 蔡春燕 / 刘国雄 （项目设计师）
韩立慧（软装设计）
**摄 影**
苏圣亮

1. 东立面夜景
2. 房子与场地

## 项目背景

青龙坞是一片古村，隐匿在浙江桐庐的山林深处，因流经此地的一条溪水而得名。村中有一座木骨泥墙的老宅，紧邻一条山路，南面背靠青山，北面俯拥低台院落。Atelier tao+c 西涛设计工作室应业主之邀改造这座老宅，在占地仅232平方米、高7.2米的双层空间中，置入一个可容纳20人的胶囊旅社、一个乡村社区书店和阅览室。如何在一个紧凑空间里保证住宿区的私密性，又要同时满足公共空间的开放性和整体空间的连续性，是这个项目带来的最大挑战，也是建筑师在设计过程中最为关注的问题之一。

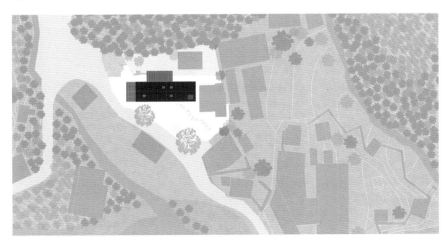

总平面图

3. 内部建筑剖面
4. 阅览室
5. 三楼平台看向大厅
6. 挑空大厅，书架与波形板房子

## 室内改造过程

在拆除了老宅原有的楼板和隔墙后，一楼作为图书馆和公共区域。建筑师在空间中置入了两个"漂浮"的独立结构，分别用作男生"楼"和女生"楼"。在为客房区域分层时，建筑师没有采用常规的楼层高度，而是特地用坐卧所需的高度——1.35米——作为胶囊住宿区二层以上的楼板高度，以堆叠的形式构成三层"楼中楼"，制造出有趣的视角和不同寻常的空间尺度；同时，住宿区楼板之间相互交错，在部分区域构成"双层"挑高，满足住客通行和站立的需要。当人们站在平台上时，他的视点高度超过了上一层楼板的高度。随之而来，跌宕错落的平台内交织着层次丰富的视线关系，两座"楼中楼"之间可以发生多角度的对望，互通声气，在感官上营造出流动的空间。错层的平台之间通过看似纤薄但结构稳固的金属楼梯相连，每段台阶仅有9步，造就短促转折的穿行路线，有如山中的婉转幽径，人就在这辗转中漫游、攀爬、静止、阅读、窥视、入"囊"休息……置身其中，不见全貌，却在每一处停顿和转身时捕捉到不同的景观，在这一片室内的山水园林中寻趣。

男女楼各配有10个胶囊和一个卫生间，尺寸统一的模块式胶囊客房隐藏于围合的书架之内，形成更为私密的空间。书架取材本地的竹压板，散发清新的竹香。每间胶囊的开窗都恰好与书架的一个格间相对应，形成不同层次的对望，嗅觉和视觉交糅，制造出一段丰富跌宕的感官旅程。

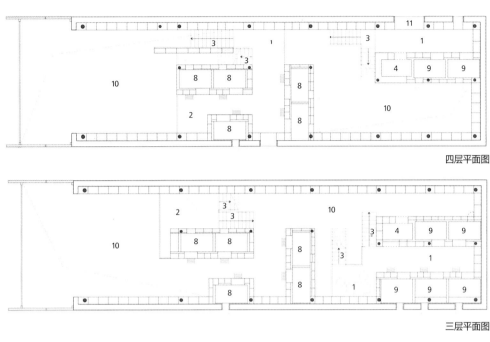

四层平面图

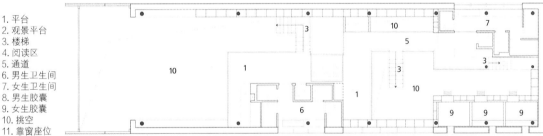

三层平面图

1. 平台
2. 观景平台
3. 楼梯
4. 阅读区
5. 通道
6. 男生卫生间
7. 女生卫生间
8. 男生胶囊
9. 女生胶囊
10. 挑空
11. 靠窗座位

二层平面图

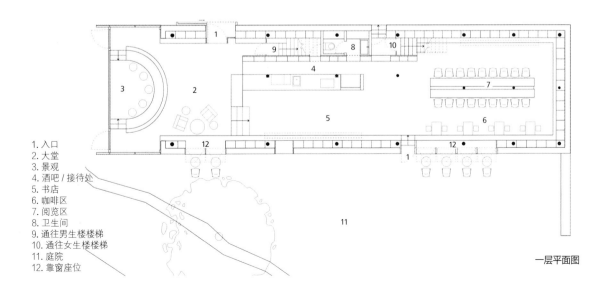

1. 入口
2. 大堂
3. 景观
4. 酒吧 / 接待处
5. 书店
6. 咖啡区
7. 阅览区
8. 卫生间
9. 通往男生楼楼梯
10. 通往女生楼楼梯
11. 庭院
12. 靠窗座位

一层平面图

"楼中楼"的构建，模糊了各种空间的边界，与一层的公共空间形成了开放和私密之间的平衡。但从入口大厅处却能看到楼板之间清晰的剖面关系，同时，胶囊区的侧面又与无限重复的书架系统隔空对齐。内与外都变成了相对的概念和互换的体验。

7. 顶楼廊道
8. 转折的路径
9. 男生楼平台，看向女生楼
10. 女生楼平台，看向男生楼

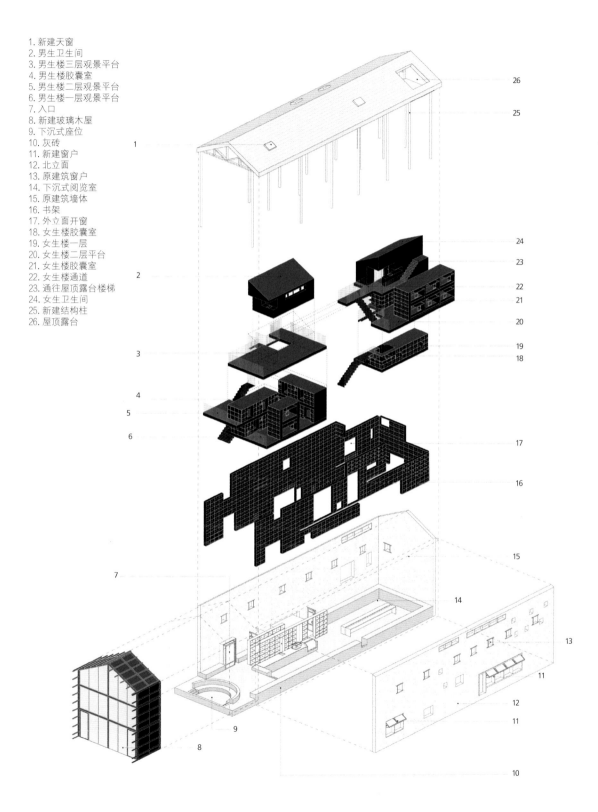

1. 新建天窗
2. 男生卫生间
3. 男生楼三层观景平台
4. 男生楼胶囊室
5. 男生楼二层观景平台
6. 男生楼一层观景平台
7. 入口
8. 新建玻璃木屋
9. 下沉式座位
10. 灰砖
11. 新建窗户
12. 北立面
13. 原建筑窗户
14. 下沉式阅览室
15. 原建筑墙体
16. 书架
17. 外立面开窗
18. 女生楼胶囊室
19. 女生楼一层
20. 女生楼二层平台
21. 女生楼胶囊室
22. 女生楼通道
23. 通往屋顶露台楼梯
24. 女生卫生间
25. 新建结构柱
26. 屋顶露台

轴测图

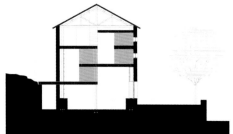

剖面图

## 建筑改造过程和最终效果

建筑外观的改造是室内空间重组的延伸和体现，建筑师依据内部胶囊房间的纵向布局，在外墙上做了克制的开窗，尽量保持建筑原有的质朴。新增的玻璃木窗和夯土墙与原有的旧窗浑然一体；室外地面的青砖也悄然延伸至室内。建筑东面坐拥极佳的自然景观，于是建筑师将东面的整面山墙剖开，嵌入一个由木框架和聚碳酸酯波浪板构成的透明房子，让青山和绿林晕染至室内，屋顶的天窗也增加了室内空间的采光。暮色降临时，室内的灯光透射而出，温存着山村的静夜，书香伴随人迹，凝聚了村民的日常和情感、激活了村落的脉搏，也点亮了新的生活理想。

11. 清晨的山林与房子
12. 北立面
13. 有树的一角
14. 北立面
15-17. 拆除修复过程

14

15

16

17

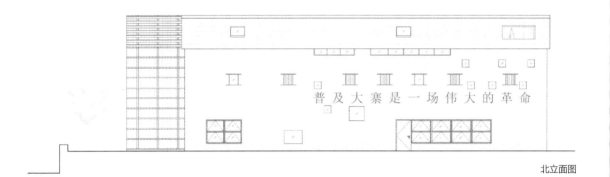

普 及 大 寨 是 一 场 伟 大 的 革 命

北立面图

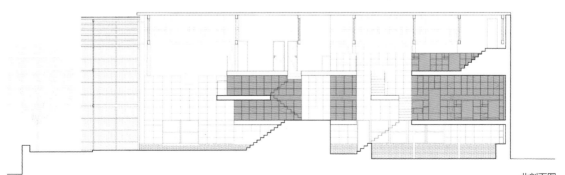

北剖面图

18. 南立面开窗
19. 图书馆东面景观

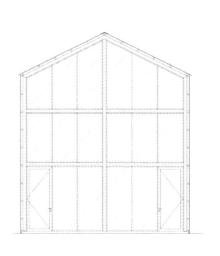

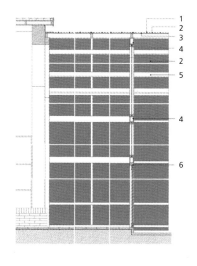

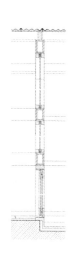

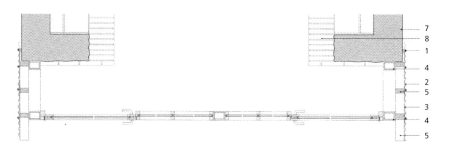

1. 螺丝钉
2. 波纹聚碳酸酯板
3. 填充条
4. 120mm×80mm 钢梁
（竹木层压板饰面）
5. 100mm×50mm 柳桉木木方
6. 竹木层压板
7. 原有夯土墙
8. 再生灰砖

**波纹聚碳酸酯板大样图**

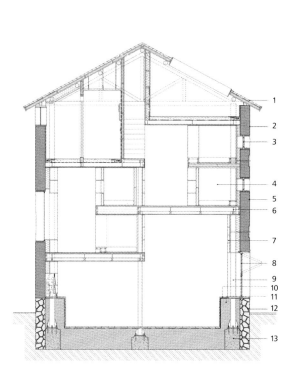

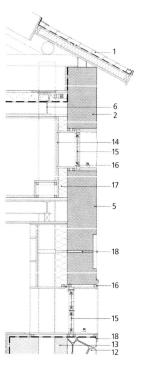

1. 原建筑瓦
2. 新建夯土墙
3. 新建窗户
4. 胶囊室
（竹木压层饰面板）
5. 原建筑夯土墙
6. 工字钢
7. 书架（竹木层压板）
8. 新窗户
9. 194mm 新型钢柱
10. 再生灰砖
11. 新混凝土结构
12. 原建筑毛石基础
13. 新混凝土结构
14. 百叶窗
15. 12mm/th 玻璃
16. 竹木层压板
17. 绝缘层
18. 加固螺栓固定原建筑墙

**墙身大样图**

# 蕉岭棚屋

村民与游客共享的乡村展廊与茶话客厅

**项目地点**
广东省梅州市蕉岭县蕉城镇龙安村
**项目面积**
1992.3平方米
**设计公司**
造作建筑工作室
**主创建筑师**
沈悦
**设计团队**
戴文竹 / 包莹 / 盛仁 / 雷金剑
**摄影**
赵奕龙
**EPC承包方**
卓创乡建

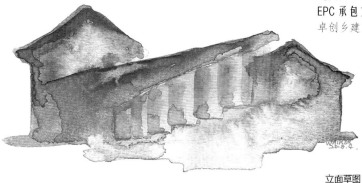

立面草图

## 项目概况

蕉岭棚屋坐落在粤北地区的田野之间。乡村在此迎接远方而来的客人，而村民会在日常农忙之余，来这里休憩、闲聊、喝茶。它很独立，脱离于周边的村落肌理，场地仅一条机耕路进出。但它不孤独，村民的耕种与田垄的延展，让它仍旧维持着与周边乡村群体的连接与对话。设计师们的设计就起始于针对这种对话的田野调查。

设计师先将显然已存在于某种成熟体系中的，大量、重复出现的词汇与句式摘录出来，作为基础。再挖掘那些游离于体系之外的，充满偶然、生活化、无法定义，但足够生动有趣的词汇。最后，试图将新词与旧句融合，形成某种新的章法。

1. 乡村客厅，连接与对话
2. 作为地景的棚屋，与场所的融合

203

### 对当地建筑的分析

在蕉岭当地，一种最普遍出现、最具历史意义、村民认知度最高的客家建筑类型，是围龙屋。设计师们将其作为这次的母题，亦视为既有体系。这是一种家族式建筑群，呈半圆状。宗祠，即"堂屋"，居圆心，直线型"横屋"夹两侧，弧线"围屋"绕后，面水背林，前低后高，具有明确的向心性与风水学讲究。

围龙屋类型自身有着多种变化，主要体现为"围数"的多少。但由堂屋、横屋组成的"横堂屋"单元，与屋前池塘组成的核心结构基本不变。可以说，"流水的围屋，铁打的横堂"几乎是该体系演变中的铁则。

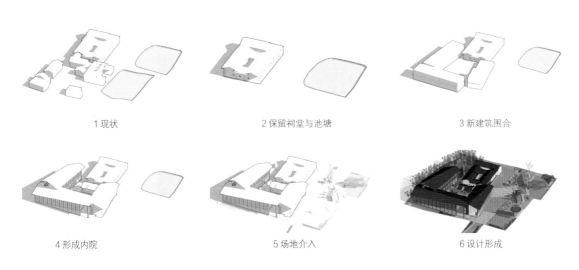

1 现状       2 保留祠堂与池塘       3 新建筑围合

4 形成内院       5 场地介入       6 设计形成

场地组织分析

## 新建筑体系的解读

除了围龙屋类型，在蕉岭的乡村，大部分仍旧是现代民居。豪放自由的建造，带来五花八门的平面形制与立面构成，但在屋顶的处理上，各类民居逐渐形成了一种新的体系。设计师们称其为"棚子结构"：一个由建筑主体屋面及一顶简易钢棚组成的二次屋顶。

在这套现代体系中，主体屋面主要由露台及围栏组成，解决食物、衣物的晾晒、建筑维护等日常问题。但当地骤雨较多，且日晒剧烈，露台的日常就需要遮雨遮阳且足够通风。

3. 作为乡村建造技艺课堂的景观广场
4. 檐下

4

**棚子调研**

"棚子"是自然的答案。村民通过这种自发搭建，在解决问题的同时，又可以扩大生活空间，使其增加吃喝玩乐等休闲社交功能。久而久之，这种搭建灵活、维护简单、材料便宜的露台棚子逐渐成为当地整体乡村风貌中不可忽视的一部分。从某种角度来说，它在柔和乡村立面与天际线的基础上，重建了一种隐性的秩序。这种秩序基本遵循两种规则：首先，是立面轻体量结构。钢结构，板材屋面。结构清晰，棚顶脆薄扁平，柱子细长、跨度大，立面横向比例体现出一种脆弱却宽广的支撑感。其次，是屋面阴影的高覆盖率。屋顶的扁平程度及挑檐尺寸，使阴影面成为立面与空间的重要组成部分。无论屋顶之下是围合的，还是开放的，都被阴影遮盖，使其成为隐藏要素，连接建筑的各个部分。从另一个角度来说，由于阴影对空间的高覆盖，使屋顶看似已摆脱平面束缚，建立了自我秩序。

在整个设计过程中，设计师们始终将屋面的遮盖作为主要线索，由这种遮盖引导地面空间秩序，流线组织，功能分布等。而大面积覆盖产生的大面积阴影为这种自上而下的设计增加了丰富且有趣的立面不确定性。

5-6. 闲亭光影
7. 内院
8. 浅水鱼池

## 场所再造

在设计师们正式介入场地之前，这里已有一组横堂屋，一些零散的破败民居，以及两个池塘。根据围龙屋规则，设计师们将位于场地东侧的祠堂及其门前的池塘作为轴心保留下来，将周边的建筑拆除，腾出场地。

随着半圆轴心的辐射方向，设计师们首先确定了新建筑群的西北侧形态：一种抽象化的围屋局部，短进深，长开间，西侧为主立面。再根据规则，确定南侧建筑的位置与走势。此时已形成一个新的场所关系：东侧的横堂屋为场所核心轴线，北、西、南侧由新建筑形成围合，这样新老建筑之间自然形成一个内院。

设计师们决定在内院放置一个浅水鱼塘，作为一个新的精神场所。在客家民居体系中，水是最重要的精神要素之一。从建筑四要素的角度出发，在中国人的自然观念中，水可能比火处于更重要的位置，所谓"负阳抱阴"，抱的往往也都是水。

同时，设计师们将原本在此处的一座破败"横屋"拆除，按原尺度将其重塑为一座塘边闲亭。将原建筑使用的生土夯筑与抹面技术作为"围合"，将框架混凝土结构作为"骨架"，再通过T型钢挑梁，使木构屋顶架于框架混凝土之上，试图探讨不同工艺之间的衔接方式。

最后，在这个已经形成了包裹，围合与联系的场地中，设计师将新建筑靠近道路的端口——西南角打开，作为建筑群主入口。这个入口空间将建筑分割成两个单元，主体独立，但屋顶互相形成遮蔽，维持连接。

2 保留祠堂与池塘

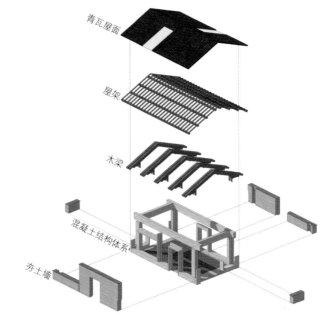

青瓦屋面

屋架

木梁

混凝土结构体系

夯土墙

亭子爆炸图

7

8

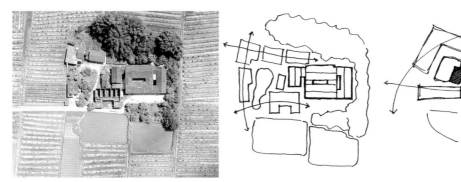

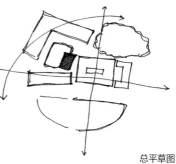

总平草图

## 建筑的偶然秩序

在此之上，设计师们增加了一些调研中发现的有趣的偶然性。其一是"屋顶斜线"。一种由于平面扭曲导致的屋檐屋脊不平行关系。它破坏了横向线条为主的村落天际线，为这种固化形式带来了生机和活力。他们将这种变化运用在屋顶的设计中，将新建筑的三段屋顶都赋予不同的屋脊斜率与檐口斜率，同时互相覆盖叠加，期待出现不可预料的偶然关系。其二是"立面递进"。由于围龙屋前低后高的风水学讲究，局部建筑的立面上产生了模块式变化：每一开间作为一个单元体，沿着轴线逐级抬升。由于这一开间的门、窗、扶手间的相对位置不变，这个"递进"更加凸显了立面构成规则。设计师们将这个秩序运用在建筑立面的组织中，使每一固定柱跨的立面，随着屋顶倾斜的方向抬升或递降，制造自己的韵律。

9. "屋顶斜线"打破固化天际线
10. 主入口
11. "立面递进"韵律

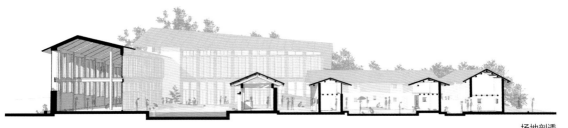

场地剖透

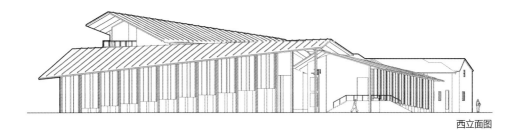

西立面图

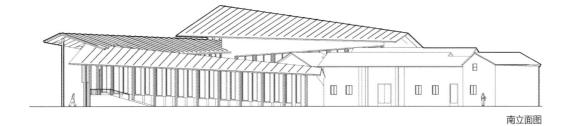

南立面图

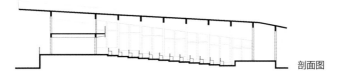

剖面图

## 棚屋与环境的融合

设计师们的确想通过将棚子转变为屋宇的过程，让此棚屋成为彼棚屋，试图去探讨精神、屋顶、围合与地台的关系。在这个过程中，出于对建筑语意的来源与再创造的纠结，他们倾向于在建筑与景观的建造过程中尝试多重的不确定性。包括通过池塘被包裹的程度，池壁与地台的融合方式，去体验精神核心的呈现；通过不同的斜率、挑檐、遮蔽率，通透性，体验屋顶的覆盖；通过立面梯度、折叠的形式变化，木构、竹编、砖砌的材料切换，体验围合的编织与装饰性等。

最终，无论如何，棚屋还是需要被乡村消解、同化的。至少设计师们现在欣喜地获知，村民们正不断地去读懂它、比较它，以及使用它。

1. 锰镁铝板屋面
2. 保温板材 & 金属编织网
3. 主体钢梁 & 辅助角钢框架
4. 室外木幕墙 & 保温板材
5. T 型钢板挑檐
6. 排水槽
7. 室外木幕墙
8. 玻璃幕墙
9. 钢板收边
10. 砖砌基层
11. 墙身基础

墙身大样图

12

13

14

15

12. "立面递进"
13. 廊桥私语
14. 竹桥——螺旋穿梭
15. 竹构——编织光影

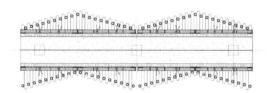

竹桥桥面平面图

竹笼剖面图

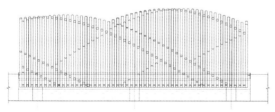

竹桥立面图

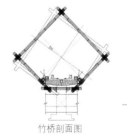

竹桥剖面图

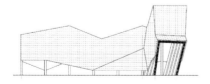

竹廊立面图

竹廊立面图

竹构节点

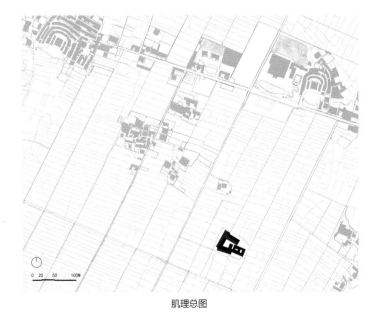

16. 棚屋作为地景的标识物
17-18. 闲亭，对不同工艺的探讨

肌理总图

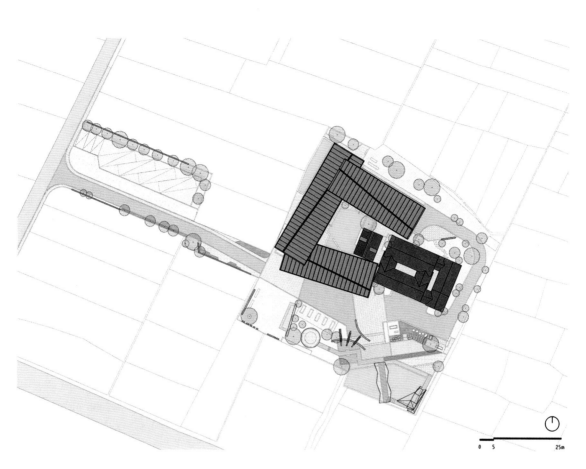

场地总图

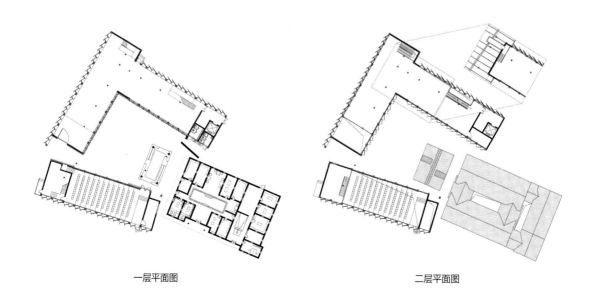

一层平面图　　　　　　　　　　　二层平面图

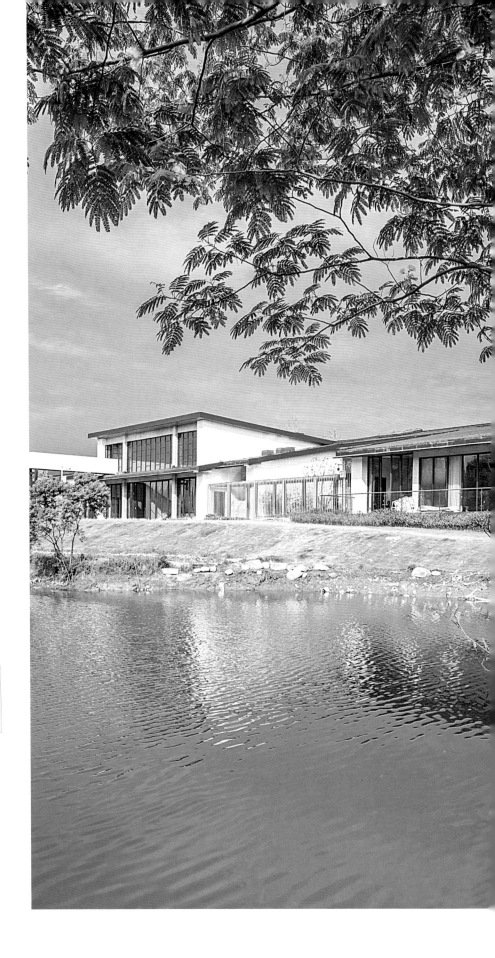

# 庭瑞小镇斗山驿文化会客厅

小镇里的多元文化空间

**项目地点**
湖北省孝感市
**项目面积**
1687 平方米
**设计公司**
UAO 瑞拓设计
**主创建筑师**
李涛
**建筑设计团队**
陆洲 / 李龙 / 孔繁一 / 申剑侠 / 虞娟娟 /
龙可诚 / 黄名朝 / 王纤惠 / 张杰铭
**室内配合深化设计**
周全 / 陈迪
**摄影**
赵奕龙

1. 临水建筑
2. 沿着乡道隔水塘视角

**项目缘起**

　　该项目位于湖北省孝感市，场地是典型的江汉平原丘陵地形。在项目伊始，设计师在考察地形后，将建设的基地选择在与乡道对面的水塘边，希望从高速公路下来的车辆，在拐进这条两侧都是意杨林的乡间道路后，第一眼可以远远看到建筑的全貌，从而形成一个对景的关系。

构思草图（李涛）

## 相地过程

在方案构思阶段，设计师多次往返现场，发掘基地的特质。阶梯型田埂成为设计中的一个被刻意强调的自然要素，主创设计师李涛将一个长条形的体量搁置在水塘边的三级田埂高差之上，刻意保留的1500毫米高差自然就形成了建筑室内或内庭院的两级空间。这个高差同时成为建筑外部形象的直接反应——坡屋面：较低的临水屋檐一侧，自然对应的较低的田埂一侧，檐口高度4米；较高的屋檐一侧，对应较高的田埂一侧，檐口高度6米；而内部高差的处理，在不同空间里有着不同的表达方式，客观地反应出空间的功能和节奏。

3.45度角看建筑
4.104米长水平建筑

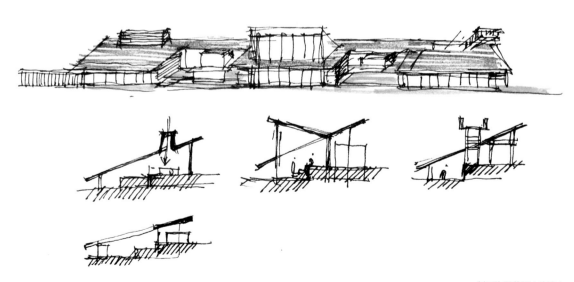

剖面构思草图（李涛）

咖啡厅剖透视图

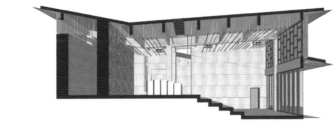

婚礼堂剖透视图

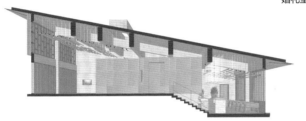

接待区剖透视图

## 水平线

　　临水一侧屋檐高度4米，建筑总长度104米，长度和高度的比例关系形成了本项目的最大特征：建筑仿佛趴在水塘边，形成一个低矮水平谦虚的形象；同时，主体建筑平行于乡道，从乡道望过去，多条水平线集聚：乡道的护栏、水塘的边线、建筑前面的几级田埂、建筑的临水一侧的檐口线，建筑高侧的檐口线，内院及入口长廊的屋顶水平线，以及建筑屋顶的观景平台的水平线。这些水平线强化了江汉平原丘陵地形的特征。

4

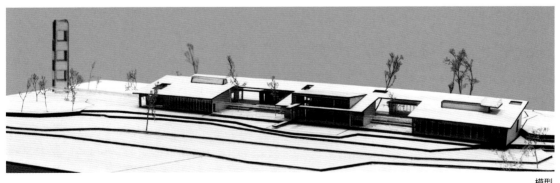

模型

**场地漫步**

　　如前所述，项目选址在乡道隔着水塘的一侧，来拜访的游客，会在乡道的意杨林空隙里第一眼瞥见建筑完整的正立面形象，长且低矮；继续拐进项目的入口道路，会以45度角看到建筑的全景，拉长的线条带来透视感的收缩，加强了建筑的长度和水平观感；然后沿着田埂，步入长廊，到达入口门廊，才能拾级而上到门厅。或者是穿过门厅，看到建筑的较高立面的一侧。

屋顶

盒子1
盒子2 盒子3
盒子4
盒子5

建筑

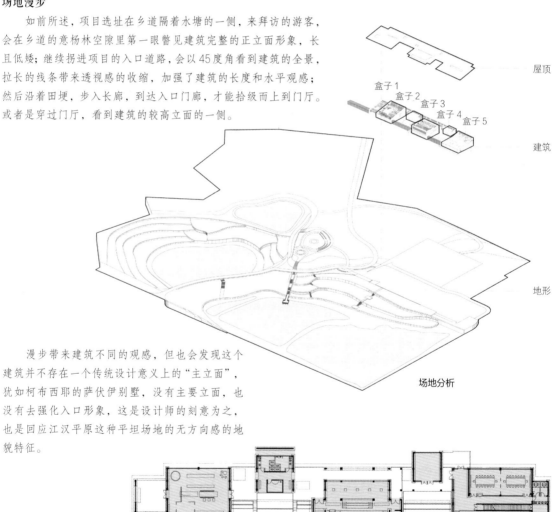

地形

　　漫步带来建筑不同的观感，但也会发现这个建筑并不存在一个传统设计意义上的"主立面"，犹如柯布西耶的萨伏伊别墅，没有主要立面，也没有去强化入口形象，这是设计师的刻意为之，也是回应江汉平原这种平坦场地的无方向感的地貌特征。

场地分析

平面图

## 内部空间节奏

在统一的大屋面下，设计师组织了五个盒子，两个内院，三段长廊，一段直跑楼梯，以及这些实体盒子与屋面围合的"剩余空间"，共同形成了一个外部形象克制，而内部尤其丰富的游走空间。五个盒子遵循着：大、小、最大、小、再大的尺度节奏。

游走在五个盒子之间的"剩余空间"，也因为屋顶与盒子的高低，内院与外部稻田的大小，视线的贯穿与遮挡，以及坡屋顶开洞与密实的对比，形成不同的节奏。

5. 沿水面展开的建筑
6. 入口门廊
7. 剩余空间
8. 婚礼堂走廊空间

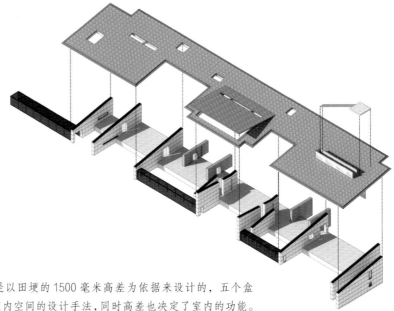

**基本元素拆解分析图**

## 高差决定空间功能

如前所述，建筑的横剖面是以田埂的 1500 毫米高差为依据来设计的，五个盒子与这个高差的关系顺势成为室内空间的设计手法，同时高差也决定了室内的功能。

第一个盒子，高处是展厅，临水一侧低处是咖啡厅，两者之间的高差成为咖啡厅的四人卡座区，高差之间还植入了一个小盒子，它是高处的影音室，又是低处的咖啡吧台的背景墙；第二个盒子封闭的一侧是卫生间，开放向内院的是化妆间；第三个盒子是婚礼堂，借助高差自然形成了观众坐席；第四个小盒子是接待厅；第五个盒子高处是会议室，低处临水是餐厅，两者的高差被中间插入的直跑向屋面平台的楼梯所截断，把开放和私密两种空间性质直接分开。

9

10

11

12

## 景观自然最大化

　　每个盒子的开窗，遵循着将外围景观限制与强化的目的。咖啡厅、餐厅和婚礼堂开窗均面向水塘，处于向自然开放的状态；尤其婚礼堂，落地窗扇可以完全打开，与室外的无边界水池一起，与水塘的水面融为一体；化妆间和接待室则面向内院，处于一种半开放的状态；而卫生间的落地窗面向一面当地毛石砌筑的景观墙，既达到开放景观的作用，又保证了私密性。

9. 第一个盒子咖啡厅和展厅
10-11. 婚礼堂
12. 第二个盒子和剩余空间
13. 第四个盒子：接待厅
14. 化妆间等候空间
15. 卫生间

16

**向上的天台**

　　所有对景观的观看的方向，得到设计师刻意的控制；当游客经历一切水平的景观观感之后，会来到最后的直跑向天台的楼梯，两边清水木纹混凝土的高墙，裁剪出线性的天空，它是建筑水平感的一个反转，也是一个升华。

17

## 一体化设计

　　本项目的设计不仅是单一的建筑设计，还是 UAO 从规划开始，综合建筑、景观、室内等一体化设计的一个尝试，规划合理组织了场地的竖向和交通的流线，景观保留了稻田的肌理；改造了原有村落的打谷场，形成一个篝火广场，并依托原有地形和树木，梳理出新的植物空间疏密关系，使得到达建筑主体本身的过程成为一种期待；建筑依托田埂高差的逻辑，使得室内设计水到渠成，空间节奏贯穿始终，后续的室内深化，更多考虑材料的搭接和收口，室内外的空间和质感保证了统一。

16. 直跑楼梯
17. 婚礼堂室外平台
18. 婚礼堂室外无边界景观水面

18

# 大发天渠游客中心

乡村活化与复兴的起点

**项目地点**
贵州省遵义市团结村
**项目面积**
3280 平方米
**设计公司**
ZJJZ 休耕建筑
**设计团队**
陈宣儒 / 沈洪良 / 蔡玉盈 / 曹振宇
**摄影**
Laurian Ghinitoiu
（ 3/4/5/6/7/8/10/11/13/14/15/16 ）
ZJJZ 休耕建筑（ 1/2/9/12 ）

1. 黄昏中的游客中心
2. 游客中心项目总览

## 项目建造背景

　　坐落于群山之中的大发天渠旅客中心，地处贵州所辖的偏远山村——团结村，它是在政府扶贫政策引导之下，通过农业旅游改善贫困农村经济的项目之一。融合着政治使命和理想主义，该建筑已然成为团结村的新地标，推动着周边地区的进一步发展。

　　中国乡村建筑的风貌是这几年被频繁触及的议题。相对其他拥有较多文化遗产的先例，这个曾经的贫困村并没有可传承的典型传统建筑形式，而山、河、苍翠的景观是它最大的资本。因此，大发天渠旅客中心的设计以另一个角度切入这个人文贫瘠的场地：不强加符号式的传统建筑元素，而是强调与自然环境和谐衔接。

　　大发天渠游客中心的建筑体量由当地石材堆砌成的外墙及暗色的竹地板组成，审慎地融合在原始景观中，而阶梯状的屋面完全开放给旅客及村民"来屋顶上坐坐"。这个大型公共集散空间结合室内办公运营、接待展示的空间，正逐渐改变当地乡村的公共生态，成为一股激活当地乡村发展的驱动力。

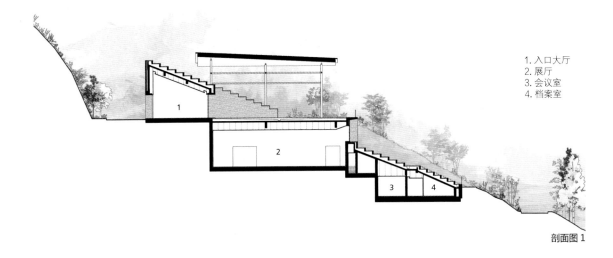

1. 入口大厅
2. 展厅
3. 会议室
4. 档案室

剖面图1

## 项目基地的选择

决定基地及建筑朝向是设计的一个关键点。山中没有红线范围或是退界，我们希望建筑能饱览周边景色，但未开发的陡峭地貌限制了选择的范围，山势险再加上有限的施工周期，道路的建设和建筑施工只能同时进行——应对施工难度与效率成为重要的制约因素。

最终大发天渠游客中心落在一处具有10米高差的天然梯台上，正对着远山与河，带来具有冲击力的观景感受。同时，道路与建筑西侧连接，于北侧急转而下，低于建筑通过东侧往低处延伸，不影响建筑正面的观景效果。

3

场地的条件决定了许多建筑设计手法，流线的衔接、灵活地过渡场地高差，以及将葱郁景观最大限度地融入每一个空间成为建筑最主要的特点。

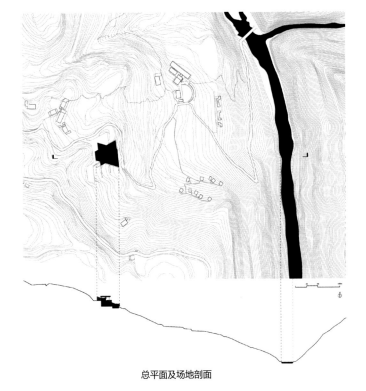

3. 场地概况
4. 云雾中的游客中心
5. 阶梯屋面
6. 面山舞台

总平面及场地剖面

## 建筑概念

团结村与周边乡镇一样，原始的乡村建筑元素已渐渐被新时代快速的农村建设替代，村中多处新建筑在原生态的山景中略显突兀。我们希望游客中心能够为新农村建设提供另一种范本，"不破坏大山与乡村原本的样子"，寻求新建筑与乡村景观的融合。

游客中心的建筑倚山成形，顺山势布置，阶梯状的屋顶减少体量的压迫感，并呼应两侧农村的梯田风景；建筑自高至低逐渐增加宽度，形成上窄下宽、面向群山敞开的观览平台，沿着平台往下走，视野愈加开阔，来客可以在这里清晰地感受自然的原始力量。从山下仰视时，建筑体量错落有致，像是数个小型建筑的相互叠加，形成类似于传统村寨的形象。建筑外墙由当地的暗色石材砌成，附近民居院落常见相似的毛石矮墙，与原生村落的建筑元素形成呼应。

## 空间构成

　　灰色方石铺设的室外广场是将游客引至主入口的迎客平台，以木瓦为材料的架空大屋顶衔接广场与大厅，形成开敞的半室外空间，鼓励来客在此驻足停留。

　　室内空间设计简洁，根据尺度、功能，以不同方式适当引入景观及光线，营造多样的空间体验。建筑沿山势形成3个主要的室内标高，由两个直跑楼梯衔接各层空间。一侧的办公区楼梯连接入口大厅、展览区域及办公区域；另一侧直通展览区域的公共楼梯是展示空间的一部分，将展览流线流畅地从入口大厅延续至大展厅以及室外的观景平台，形成连续性的观展体验。

7. 主入口平台
8-9. 展厅

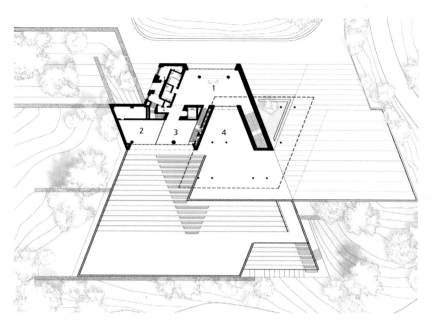

1. 大堂
2. 多功能活动室
3. 休息室
4. 室外露台

**一层平面图**

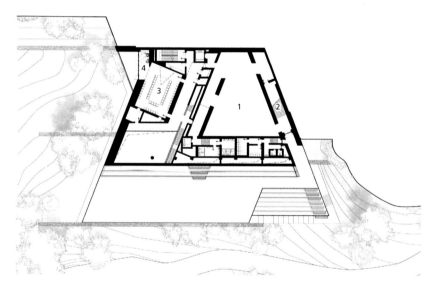

1. 展览室
2. 位于楼梯处的陈列室
3. 会议室
4. 休息室

**负一层平面图**

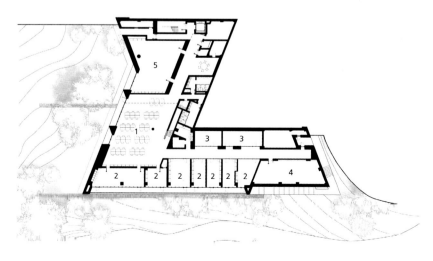

1. 开放办公室
2. 办公室
3. 会议室
4. 档案室
5. 艺术沙龙

**负二层平面图**

**设计师寄语**

　　团结村的改变是个过程，以大发天渠游客中心为起点，还会有更多的可能性，设计师希望乡村的发展可以以建筑为契机，伴随着优秀的建筑作品的落地，使乡村生活也日益美好。

10. "来屋面上坐坐"
11-13. 办公空间
14. 休息区
15. 村寨式的体量组合
16. 阶梯式建筑

Index
索引

**Atelier tao+c 西涛设计工作室（ P 192 ）**
网站：www.ateliertaoc.com
邮箱：info@ateliertaoc.com

**UAO 瑞拓设计（ P 214 ）**
网站：www.uao-design.com
邮箱：542595072@qq.com

**ZJJZ 休耕建筑（ P 128，134，224 ）**
网站：www.zjjz-atelier.com
邮箱：zjjz@zjjz-atelier.com

**杭州时上建筑空间设计事务所（ P 100,110 ）**
网站：www.atdesignhz.com
邮箱：12676277@qq.com

**静谧设计研究室 qpdro（ P 082 ）**
网站：www.qpdesign.cn
邮箱：lixiade123@126.com

**普罗建筑（ P 072 ）**
网站：www.officeproject.cn
邮箱：contact@ officeproject.cn

**三文建筑 / 何崴工作室**
**（ P 028，040，144，156，164，172 ）**
网站：www.3andwichdesign.com
邮箱：contact_3andwich@126.com

**尌林建筑设计事务所（ P 048，180 ）**
网站：www.hzshulin.com
邮箱：252404031@qq.com

**一本造建筑设计工作室（ P 092 ）**
网站：www.onetakearchitects.com
邮箱：Info@onetakearchitects.com

**悦集建筑设计事务所（ P 062 ）**
电话：（ 023 ）62311090
邮箱：cqyueji@163.com

**造作建筑工作室（ P 202 ）**
网站：www.zaozuodesign.com
邮箱：1260297209@qq.com

**梓集（ P 120 ）**
网站：fabersociety.com
邮箱：info@fabersociety.cn